建筑工程质量管理
与工程造价

孟令迎　宋　涛　张　杰　主编

HARBIN PUBLISHING HOUSE

图书在版编目（CIP）数据

建筑工程质量管理与工程造价／孟令迎，宋涛，张杰主编. -- 哈尔滨：哈尔滨出版社，2025. 1. -- ISBN 978-7-5484-7975-8

Ⅰ. TU712.3

中国国家版本馆 CIP 数据核字第 2024LQ6084 号

书　　名：**建筑工程质量管理与工程造价**
JIANZHU GONGCHENG ZHILIANG GUANLI YU GONGCHENG ZAOJIA

作　　者：孟令迎　宋　涛　张　杰　主编
责任编辑：李金秋

出版发行：哈尔滨出版社(Harbin Publishing House)
社　　址：哈尔滨市香坊区泰山路 82-9 号　邮编：150090
经　　销：全国新华书店
印　　刷：北京虎彩文化传播有限公司
网　　址：www. hrbcbs. com
E - mail：hrbcbs@ yeah. net
编辑版权热线：（0451）87900271　87900272
销售热线：（0451）87900202　87900203

开　　本：880mm×1230mm　1/32　印张：4.75　字数：114 千字
版　　次：2025 年 1 月第 1 版
印　　次：2025 年 1 月第 1 次印刷
书　　号：ISBN 978-7-5484-7975-8
定　　价：48.00 元

凡购本社图书发现印装错误,请与本社印制部联系调换。
服务热线：（0451）87900279

前　言

在人类社会的漫长历史长河中,建筑始终作为一种文化的载体、技术的展现和艺术的呈现,与我们紧密相连。在建筑工程中,质量管理与工程造价并不是孤立存在的,而是紧密相连、相互影响的。一方面,高质量的建筑往往意味着更高的成本投入,因为优质的材料、先进的技术和严格的施工流程都需要相应的资金支持。另一方面,合理的工程造价也为质量管理提供了保障,确保了项目在各个阶段都能够得到充分的资源支持,从而维持高质量的建设标准。

建筑工程质量管理是确保建筑安全、耐用、功能完善的核心环节。它贯穿于项目的始终,从初期的规划设计到施工过程中的材料选择、技术应用,再到后期的验收与维护,每一个环节都离不开严格的质量把控。质量管理不仅关乎建筑本身的品质,更直接关系使用者的生命财产安全,以及社会的和谐稳定。因此,任何对质量的疏忽都可能带来无法挽回的后果。而工程造价则是项目从筹备到完工全过程中所需费用的总和,它涉及人力、材料、设备、技术等多个方面。合理的工程造价不仅能够确保项目的顺利进行,还能够在很大程度上提高资金的使用效率,避免资源的浪费。反之,如果造价管理不善,很可能导致项目的中途停滞,甚至整个项目的失败。

本书一共分为六个章节,主要以建筑工程质量管理与工程造价为研究基点,通过本书的介绍让读者对建筑工程质量管理基础以及工程造价有更加清晰的了解,进一步摸清基础工程质量管理以及不同阶段的工程造价的主要内容,为建筑工程质量管理与工程造价未来发展趋势研究提供更加广阔的空间。建筑工程质量管理与工程造价是建筑工程项目中不可或缺的两个组成部分。它们相互依存、相互促进,共同构成了建筑项目的生命线。只有充分认识到它们的重要性,并在实际工作中给予足够的重视和投入,我们才能够创造出更多既安全又经济、既美观又实用的建筑精品,为人类的生活和发展贡献力量。

目　　录

第一章　建筑工程质量管理基础

第一节　建筑工程质量管理概论

一、质量与建筑工程质量的概念

（一）质量

质量，作为一个全面而深入的概念，是满足明确和隐含需要的特性的总和。它不仅仅局限于产品的表面特性，更涵盖了从设计到生产、从服务到满足用户需求的全方位、全过程。在广义和狭义两个层面上，质量都扮演着至关重要的角色。狭义上，质量通常指的是产品的品质，即产品是否能够达到预定的标准，满足用户的基本需求。而广义上，质量则进一步拓展到了工作的质量，即在工作过程中，各个环节、各个要素是否都能够高效、准确地运作，从而确保最终成果的品质。

（二）建筑工程质量

从狭义上来看，建筑工程质量直接体现为建筑产品的品质。这包括建筑物的结构安全、使用功能、外观造型、耐久性以及与环境的协调性等多个方面。一个优质的建筑工程必须满足设计文件、技术规范、合同规定以及用户需求等多方面的要求，确保建筑物在使用过程中能够安全可靠、经济合理、舒适美观。因此,狭义上的建筑工程质量是建筑工程质量管理的基础和核心。仅从狭义角度来理解建筑工程质量是远远不够的。广义上的建筑工程质量还包括工作质量和工序质量。工作质量是指与产品质量直接有关的工作对于产品质量的影响程度。在建筑工程中,这包括人员素质、技术水平、管理水平、工作环境等多个方面。这些因素虽然不直接体现在建筑产品的最终品质上,却对产品质量的形成起着至关重要的作用。例如,高素质的人员队伍和先进的技术水平能够确保施工过程的精准高效,减少质量问题的发生;而科学的管理体系和良好的工作环境能够为施工质量的稳定提升提供有力保障。

另一方面,工序质量是广义建筑工程质量的重要组成部分。工序质量是指施工过程中各道工序的质量保证程度。在建筑工程中,每一道工序都是相互关联、相互影响的,任何一道工序出现质量问题都可能导致整个工程项目的质量受损。因此,对每一道工序进行严格的质量控制是确保建筑工程整体质量的关键。这包括对施工材料、机械设备、施工方法、施工环境等各个环节的全面监控和检测,确保每一道工序都符合设计文件和技术规范的要求。在建筑工程质量管理中,我们必须充分认识到广义建筑工程质量的重要性。只有将狭义上的施工质量和广义上的工作质量、工序质量有机结合起来,才能形成一个完整、全面的质量管理体系。这样的体系不仅能够确保建筑产品的最终品质达到预期目标,还能够在施工过程中及时发现并纠正质量问题,从而实现对整个工程项目质量的有效控制。

二、建筑工程质量管理的特点

(一)影响因素多

1. 设计

设计是建筑工程质量管理的起点和基础。一个优秀的设计方案不仅要满足用户的功能需求,还要考虑到结构安全、施工可行性和经济性等多方面因素。设计过程中的任何一点疏忽或错误,都可能在后续施工中引发一系列的质量问题。例如,结构设计的不合理可能导致建筑物的承载能力不足,出现安全隐患;而细节设计的不到位则可能影响建筑物的使用功能和外观效果。因此,加强设计阶段的质量管理是确保建筑工程质量的首要任务。设计师需要具备深厚的专业知识和丰富的实践经验,能够综合运用各种设计方法和手段,优化设计方案,提高设计质量。同时,还需要加强设计审查工作,及时发现并纠正设计中的错误和缺陷,确保设计方案的科学性和合理性。

2. 材料

材料是建筑工程质量管理的重要组成部分。建筑材料的质量直接关系到建筑物的结构安全和使用功能。如果使用了不合格的材料,即使设计再完美、施工再精细,也难以保证建筑物的整体质量。因此,在材料采购、运输、储存和使用等各个环节中,都必须加强质量管理。要选择信誉良好的供应商,确保所采购的材料符合国家标准和设计要求。同时,还需要对材料进行严格的验收和检测,确保其质量合格后方可使用。在使用过程中,还需要加强材料的保管和维护工作,防止其受潮、变形或损坏等情况发生。

3. 施工方法和机械设备

施工方法和机械设备对建筑工程质量有重要影响。施工方法的选择应根据工程特点、施工条件和设计要求等因素综合考虑。不合理的施工方法可能导致施工效率低下、质量难以保证等问题。而机械设备的性能和使用状态则直接影响施工质量和进度。如果机械设备性能不足或操作不当,不仅会降低施工效率,还可能引发质量事故。因此,在施工前应对施工方法进行充分的论证和试验,确保其可行性和有效性。同时,还需要加强机械设备的维护和保养工作,确保其处于良好的使用状态。在施工过程中,还需要加强机械设备的操作培训和安全教育工作,提高操作人员的技能水平和安全意识。

4. 施工环境

施工环境也是影响建筑工程质量不可忽视的因素之一。施工环境包括自然环境和社会环境两个方面。自然环境如气候、地质、水文等条件都可能对施工质量产生影响。例如,在恶劣的气候条件下施工,可能需要采取特殊的施工措施来确保质量;而在复杂的地质条件下施工,则可能面临更大的技术挑战和质量风险。社会环境如政策法规、市场环境、社会舆论等也可能对施工质量产生一定的影响。例如,政策法规的变化可能导致施工标准的调整;市场环境的波动可能影响材料供应和价格波动;社会舆论的关注则可能对施工质量提出更高的要求。因此,在建筑工程质量管理中,必须充分考虑施工环境的影响,并采取相应的措施来应对这些影响。例如,可以制定针对性的施工方案和应急预案来应对自然环境的影响,同时加强与政府部门的沟通协调和社会舆论的引导工作来应对社会环境的影响。

（二）质量波动大

建筑施工的复杂性表现在多个方面。建筑结构多样,从基础到主体,每一个环节都有独特的技术要求。不同的结构形式、材料选择和施工方法都会对质量产生影响。建筑施工过程中涉及的人员众多,包括设计师、施工人员、监理人员等,他们的工作水平、态度和协作能力都会直接或间接地影响工程质量。再者,建筑施工往往受到外部环境的影响,如气候、地质条件等,这些因素的变化都可能给施工带来挑战,从而影响工程质量。正因为建筑施工存在如此多的复杂性和不确定性,建筑工程质量容易产生波动,这种波动有时是难以避免的。质量波动可能表现为结构强度的变化、外观质量的差异、使用功能的减退等。这些波动不仅影响建筑物的安全性和使用性,还可能对用户的心理和使用体验产生负面影响。为了最大限度地减少质量波动,对建筑施工过程中的各个环节进行严格的质量检测和控制显得尤为重要。

质量检测是确保工程质量满足设计要求和合同规定的关键手段。通过定期或不定期的检测,可以及时发现施工中的质量问题,并采取相应的措施进行纠正和预防。这种检测不仅包括对原材料、构配件和设备的检查,还涉及对施工过程、施工工艺和施工环境的监控。同时,质量控制也是减少质量波动的重要途径。质量控制旨在通过一系列的管理和技术手段,确保施工过程中的各项活动都符合预定的质量标准和要求。这包括制定详细的质量计划、明确质量目标和责任、实施过程控制和持续改进等。通过有效的质量控制,可以将质量波动控制在可接受的范围内,从而提高建筑物的整体质量和用户满意度。

此外,加强人员培训和技术更新也是减少质量波动的有效方法。建筑施工人员的技能水平和质量意识对工程质量有着直接的影响。通过定期的培训和教育,可以提高他们的专业素质和工作能力,使他们更好地适应施工中的复杂性和变化性。同时,随着科技的进步和新技术、新材料的不断涌现,及时更新施工技术和设备也是提升工程质量、减少质量波动的必要手段。

(三)质量隐蔽性

建筑工程的质量问题中,有一类特别令人担忧,那就是隐蔽工程的质量问题。隐蔽工程,顾名思义,是指在施工过程中被后续工程所覆盖或遮蔽,从而难以直接观察和检查的工程部分。这些工程部分的质量问题,往往难以在竣工后的检查中被发现,因此给建筑施工质量带来了潜在的安全隐患。隐蔽工程在建筑工程中占据重要地位,涉及多个专业领域,如基础工程、钢筋混凝土结构、管道安装等。这些工程部分的质量问题可能涉及材料、施工工艺、设备设施等多个方面。例如,基础工程的承载能力不足、钢筋连接的不可靠、管道安装的渗漏等问题,都可能对建筑物的整体安全性和使用功能产生严重影响。由于被后续工程所覆盖,隐蔽工程在竣工后的检查中难以直接观察和检测其质量。传统的质量检查方法,如目视检查、量具测量等,往往难以对隐蔽工程的质量进行有效评估。即使采用先进的无损检测技术,也可能由于检测条件的限制而无法全面准确地评估隐蔽工程的质量。隐蔽工程的质量问题不仅影响建筑物的安全性和使用功能,还可能引发严重的后果。例如,基础工程的承载能力不足可能导致建筑物的整体倒塌;管道安装的渗漏可能引发水患,对建筑物的结构和使用功能造成损害;电气线路的短路可能引发火灾等安全事故。这些后果不仅危及人们的生命财产安全,还可能造成巨大的经济损失和社会影响。

（四）终检局限性

建筑工程竣工后的终检，是工程交付前的最后一道质量关卡。然而，与其他商品不同，建筑工程的终检存在着明显的局限性，这种局限性主要体现在无法像其他商品一样进行彻底的拆解检查。一旦建筑物完成，其内部结构和隐蔽工程便被固定下来，除非进行破坏性的检测，否则很难对其内部质量进行全面、准确的评估。这种局限性给建筑工程质量管理带来了特殊的挑战。在传统的质量管理中，往往依赖于事后检查来发现和纠正质量问题。然而，在建筑工程中，事后检查往往只能发现表面的问题，对于内部质量和隐蔽工程的缺陷则难以察觉。等到发现问题时，可能已经为时已晚，修复成本高昂，甚至可能影响建筑物的整体安全和使用功能。因此，建筑施工中的质量管理应以预防为主，做到防患于未然。预防为主的质量管理理念强调在施工过程中进行质量控制，而不是仅仅依赖于事后的检查。这种管理方式要求从源头抓起，对施工过程中可能影响质量的各个环节进行严格监控，确保每一步都符合预定的质量标准和要求。

第二节　质量管理体系

一、质量管理体系的基础建设

（一）组织结构

1. 质量管理部门

质量管理部门是质量管理体系的核心。这个部门通常负责全面规划、组织、实施和监督质量管理工作。质量管理部门需要制定详细的质量管理计划和程序,明确质量目标和要求,组织质量培训和宣传,推动质量改进和创新。同时,质量管理部门还需要与其他部门密切合作,共同协调质量管理活动,确保质量管理工作在整个工程项目中得到有效实施。

2. 质量监督部门

质量监督部门在质量管理体系中扮演着重要的角色。它的主要职责是对质量管理活动进行监督和检查,确保质量管理工作符合预定的标准和要求。质量监督部门需要定期对施工现场进行质量抽查和专项检查,及时发现和纠正质量问题,防止质量事故的发生。同时,质量监督部门还需要对质量管理体系的运行情况进行评估和审核,提出改进意见和建议,促进质量管理水平的持续提升。

除了质量管理部门和质量监督部门,各施工单位的质量管理人员也是质量管理体系中不可或缺的一部分。他们是质量管理工作的具体执行者,负责在施工现场实施各项质量管理措施和计划。质量管理人员需要具备一定的质量知识和技能,能够熟练掌握和运用各种质量管理工具和方法,确保施工过程中的各项活动符合质量标准和要求。同时,他们还需要积极与施工人员沟通协作,共同推动质量管理工作的有效开展。在构建质量管理组织结构时,需要遵循清晰、高效的原则。清晰是指各级质量管理职责和权限必须明确划分,避免出现职责不清、权限不明的情况。这样可以确保质量管理工作有序进行,减少推诿和扯皮现象的发生。高效则是指质量管理组织结构必须能够快速响应和决策,确保质量管理工作能够及时、有效地实施。这要求各级质量管理人员之间保持紧密的沟通和协作,形成有力的质量管理网络。为了实现清晰、高效的质量管理组织结构,可以采取以下措施:一是建立完善的质量管理规章制度,明确各级质量管理人员的职责和

(二)程序文件

1. 质量计划:明确目标与路径

质量计划是质量管理的起点,它为整个工程项目的质量管理设定了明确的目标和路径。在质量计划中,需要详细阐述工程项目的质量目标、质量要求和质量控制措施,明确质量管理的重点和方向。同时,质量计划还需要考虑工程项目的实际情况和特点,制定针对性的质量管理策略和计划,确保质量管理工作能够贴近实际、有效实施。

2. 质量控制程序:规范过程与行为

质量控制程序是质量管理程序文件的核心部分,它详细规定了施工过程中各项质量控制活动的程序和要求。这些程序包括施工前的准备工作、施工过程中的质量控制点设置、质量检查与验收的流程等。通过制定完善的质量控制程序,可以规范施工过程中的质量控制行为,确保各项质量控制活动能够按照既定的程序和要求进行,避免质量问题的发生。在质量控制程序的执行过程中,需要注重以下几个方面:一是要加强对施工人员的培训和教育,增强他们的质量意识和技能水平,确保他们能够熟练掌握和运用质量控制程序;二是要加强对施工过程的监控和检查,及时发现和纠正质量问题,防止质量问题的扩大和蔓延;三是要定期对质量控制程序进行评估和更新,确保其适应工程项目的变化和发展需求。

3. 质量验收标准：衡量成果与效果

质量验收标准是衡量工程质量是否满足设计要求和质量标准的重要依据。在建筑工程中，质量验收标准通常包括国家标准、行业标准、地方标准以及企业标准等多个层次。这些标准详细规定了工程质量的验收方法、验收程序和验收标准，为工程质量的验收提供了明确的指导和依据。在质量验收过程中，需要遵循以下几个原则：一是要严格按照质量验收标准进行验收，确保工程质量符合设计要求和质量标准；二是要注重对隐蔽工程和关键部位的验收，确保其质量可靠、符合要求；三是要做好验收记录和资料的整理工作，为后续的质量管理和维护提供便利。

4. 程序文件的完善与优化

随着工程项目的推进和质量管理实践的不断深入，程序文件也需要不断完善和优化。一方面，需要根据工程项目的实际情况和特点，对程序文件进行适时的修订和更新，确保其适应工程项目的变化和发展需求；另一方面，需要积极借鉴先进的质量管理经验和方法，对程序文件进行改进和创新，增强其科学性和实用性。同时，还需要加强对程序文件的宣传和推广工作，提高全体参建人员对程序文件的认识和理解程度。通过组织培训、编写宣传资料、制作宣传展板等方式，向全体参建人员普及质量管理知识和程序文件的要求，增强他们的质量意识和责任感。

（三）资源配置

1. 人员配置：构建专业、高效的质量管理团队

人员是质量管理工作的核心。一个专业、高效的质量管理团队能够确保质量管理工作的有序开展和高效执行。因此，在资源

配置中,应优先考虑人员的配置。需要配备足够数量的质量管理人员,以满足工程项目的质量管理需求。这些人员应具备相应的专业知识和技能,能够熟练掌握和运用各种质量管理工具和方法。同时,他们还应具备良好的沟通和协调能力,能够与施工人员、监理人员等各方有效沟通,共同推动质量管理工作的开展。需要注重质量管理人员的培训和教育。通过定期的培训和学习,可以提高质量管理人员的专业水平和工作能力,使他们能够更好地适应工程项目的变化和发展需求。同时,培训和教育还可以增强质量管理人员的责任感和使命感,激发他们的工作热情和积极性。需要建立完善的人员考核机制,对质量管理人员的工作绩效进行定期评估。通过考核,可以发现质量管理工作中存在的问题和不足,及时采取纠正措施,促进质量管理水平的持续提升。同时,考核还可以为人员的晋升和奖惩提供依据,激励质量管理人员积极履行职责,提高工作效率。

2. 设备配置:提供先进、适用的质量管理工具

设备是质量管理工作的重要支撑。在建筑工程中,需要使用各种先进的检测设备和工具来确保工程质量符合设计要求和质量标准。因此,在资源配置中,应充分考虑设备的配置。需要配备先进的检测设备,如测量仪器、试验设备等,以满足工程质量检测的需求。这些设备应具备高精度、高可靠性等特点,能够准确、快速地检测出工程质量问题,为质量管理工作提供有力的技术支持。需要注重设备的维护和保养。定期对设备进行维护和保养,可以确保设备的正常运行和使用寿命,避免设备故障对质量管理工作造成不良影响。同时,还需要建立完善的设备管理制度,对设备的采购、使用、维护等环节进行规范管理,确保设备的安全、可靠、经济地运行。需要关注新技术、新设备的引进和应用。随着科技的不断进步和发展,新的检测设备和工具不断涌现。积极引进和应用新技术、新设备,可以提高质量管理的效率和准确性,推动质量管理工作的创新发展。

3. 资金配置:确保质量管理工作的顺利开展

资金是质量管理工作的重要保障。在建筑工程中,需要投入足够的资金来支持质量管理工作的开展和实施。因此,在资源配置中,应充分考虑资金的配置。首先,需要制定详细的质量管理预算计划,明确各项质量管理活动所需的资金数额和来源。通过预算计划,可以确保质量管理工作所需的资金得到及时、足额的投入,避免资金短缺对质量管理工作造成不良影响。其次,需要加强对质量管理资金使用的监管和评估。通过定期的监管和评估,可以确保资金使用的合规性和有效性,防止资金浪费和滥用现象的发生。同时,还可以及时发现和解决资金管理中存在的问题和不足,促进资金管理的规范化、科学化。最后,需要注重质量管理资金的筹措和筹集。通过多种渠道筹措和筹集资金,可以确保质量管理工作所需的资金得到及时、稳定的供应。同时,还可以积极争取政府、企业等各方面的支持和投入,共同推动建筑工程质量管理水平的提升。

二、质量管理体系的运行机制

(一)质量策划

在工程项目的宏伟蓝图中,质量策划无疑扮演着至关重要的角色。这不仅仅是一个简单的规划过程,而是一场对卓越品质的深度追求和坚定承诺。在工程项目尚未启动之际,详细而周全的质量策划工作便悄然展开,为后续的每一步施工奠定坚实的基础。质量策划的首要任务是明确质量目标。这些目标不是空中楼阁,而是根据工程项目的实际情况、客户需求、行业标准以及企业自身的追求而精心设定的。它们既具有挑战性,又充满实现的可能,是引领整个项目团队向着卓越质量迈进的指南针。每一个质量目标都凝聚着项目团队的智慧和决心,是他们对未来工程质量的坚定承诺。紧接着,质量标准的确定成为策划中的又一关键环节。这些标准如同一把把精确的标尺,衡量着工程质量的每一个细节。它们来源于国家标准、行业标准,甚至国际先进标准,确保了工程项目在每一个方面都能达到甚至超越预期的质量水平。这些标准的严格执行,不仅是对客户负责,更是对社会负责、对整个建筑行业的质量提升做出的积极贡献。

(二)质量控制

在施工过程中,原材料、构配件、设备等是构成建筑工程的基础元素。它们的质量直接关系着工程的整体质量和安全性。因此,对这些基础元素进行严格的检查验收是质量控制的首要任务。检查验收过程中,质量控制人员需秉持严谨细致的工作态度,对每一批次的原材料、每一个构配件、每一台设备进行细致入微的检查,确保其质量符合设计要求和相关标准。对于不合格的产品,必须坚决予以拒收,防止其流入施工现场,对工程质量造成潜在威胁。除了对原材料、构配件、设备等进行检查验收,对施工过程的监控和记录也是质量控制的重要环节。施工过程是工程质量形成的关键阶段,任何一点疏忽都可能导致质量问题的发生。因此,质量控制人员需对施工现场进行全天候的监控,密切关注每一个施工细节,确保施工过程符合施工方案和设计要求。同时,他们还需对施工过程进行详细记录,包括施工时间、施工人员、施工设备、施工方法、施工环境等信息,以便在后续的质量检查和验收中提供有力的依据。

在建筑工程中,隐蔽工程是质量控制的重点和难点。隐蔽工程一旦被后续工程覆盖,其质量问题将难以被发现和整改。因此,对隐蔽工程进行严格的验收是质量控制的又一重要任务。在隐蔽工程验收过程中,质量控制人员需按照设计要求和相关标准进行细致的检查和测试,确保其质量符合要求。对于存在的问题和隐患,必须及时提出并要求施工单位进行整改,直至符合要求为止。质量控制是确保工程质量符合设计要求的关键环节,它必须贯穿于施工的始终。从施工前的准备阶段到施工过程中的每一个细节,再到施工后的验收阶段,质量控制都如影随形,守护着工程的每一寸土地和每一分质量。在这个过程中,质量控制人员如同工程的守护者一般,用他们的专业知识和严谨态度为工程质量保驾护航。

第三节　施工项目质量控制

一、质量控制的重要性

质量控制对于施工项目至关重要,这一点不容忽视。它不仅仅是一个简单的流程或环节,而是贯穿整个工程始终的核心要素。首先,质量控制直接关系着工程的安全性、稳定性和耐久性,这是衡量一个工程是否合格的最基本标准。在工程建设中,任何一点小小的疏忽都可能导致严重的后果,甚至威胁人们的生命财产安全。因此,质量控制的重要性不言而喻。进一步来说,质量控制还深刻影响着工程的进度和成本。一个优质的工程需要在预定的时间内完成,且成本控制在合理的范围内。然而,如果质量控制不到位,就会出现各种各样的问题,如材料不合格、施工不规范等,这些问题不仅会导致工程质量的下降,还可能引发返工、整改等额外工作。这些额外工作不仅会增加工程的成本,还可能延误工期,给投资方和施工方带来巨大的经济损失。因此,加强施工项目质量控制是确保工程顺利进行、提高工程效益的必然要求。只有严格控制每一个环节,确保每一步都符合质量标准和设计要求,才能最终呈现出一个安全、稳定、耐久的工程。这不仅是对投资方和施工方负责,更是对社会和人民负责。

在现代社会,随着科技的不断进步和人们对生活质量要求的提高,工程项目也面临着更高的挑战和要求。一个优质的工程不仅要满足基本的功能需求,还要在美观、环保、节能等方面达到一定的标准。这就要求我们在施工过程中更加注重质量控制,不断引进新技术、新工艺、新材料,提高施工水平和质量标准。同时,质量控制也是施工企业提升竞争力的重要手段。在激烈的市场竞争中,只有那些能够提供优质工程的企业才能赢得客户的信任和市场的认可。因此,施工企业必须始终把质量控制放在首位,通过加强内部管理、提高员工素质、完善质量保障体系等措施,不断提升自身的质量管理水平和服务能力。此外,质量控制还需要全社会的共同参与和监督。政府部门应加大对工程项目的监管力度,建立健全相关法律法规和标准体系;监理单位应充分发挥其独立第三方的作用,对工程施工过程进行全面监督和检查;社会公众也应积极参与工程质量监督和评价工作,共同推动工程质量水平的提升。

二、质量控制原则

(一)预防为主

预防为主的原则强调的是前瞻性和主动性。它要求我们在工程项目开始之前,就进行全面细致的质量策划,明确质量目标和要求,制定相应的质量控制措施和应急预案。这些计划和措施应该具有针对性和可操作性,能够覆盖到工程施工的各个环节和细节,确保每一个步骤都有明确的质量标准和要求。在以预防为主的质量控制中,过程监控是不可或缺的一环。通过加强对施工过程的监督检查,我们可以及时发现并解决潜在的质量问题,防止它们扩大化或转化为实际的质量事故。这要求我们必须建立一套完善的过程监控体系,包括定期的质量检查、专项质量抽查以及隐蔽工程的验收等,确保每一道工序都符合既定的质量标准和要求。同时,预防为主的质量控制还需要我们注重人员、材料、机械、方法、环境等关键因素的控制。

人员是施工过程中的主体,他们的技能水平和质量意识直接影响工程质量的好坏。因此,我们必须加强对施工人员的培训和教育,增强他们的质量意识和操作技能。材料是构成工程实体的基础,我们必须严格把关材料的采购、验收和使用环节,确保材料质量符合设计要求。机械设备是施工的重要工具,我们必须选用性能稳定、操作方便的机械设备,并加强对其的维护和保养。施工方法和环境也是影响工程质量的重要因素,我们必须制定科学合理的施工方案和工艺流程,并关注施工现场的环境条件变化。预防为主的质量控制还需要我们建立一套有效的信息反馈和持续改进机制。通过收集、整理和分析施工过程中的质量信息数据,我们可以及时掌握工程质量状况和发展趋势,为改进和提升质量提供依据。同时,我们还应该鼓励全员参与质量改进活动,通过持续改进和不断创新来提升工程质量水平。

(二)数据说话

1. 数据收集

数据收集是质量控制的首要环节。在施工过程中,会产生大量的质量数据,如材料检验报告、施工过程记录、质量检测结果等。这些数据直接反映了工程质量的实际情况,是质量控制工作的基础。因此,我们必须建立一套完善的数据收集机制,确保数据的真实性和完整性。同时,数据收集还需要具有针对性,要围绕质量控制的重点和难点进行,以便更好地发现问题、解决问题。

2. 数据整理

数据整理是质量控制的关键步骤。收集到的原始数据往往是繁杂、无序的,需要经过整理才能变得清晰、有用。数据整理包括数据的清洗、分类、归纳等过程,目的是使数据更加规范、易于分析。在数据整理过程中,我们需要运用专业的知识和技能,对数据进行科学合理的处理,确保数据的准确性和可靠性。同时,数据整理还需要注重数据的可视化呈现,通过图表、报告等形式,使数据更加直观、易于理解。数据分析是质量控制的核心环节。通过对整理后的数据进行深入分析,我们可以发现工程质量存在的问题和不足之处,找出问题的根源和影响因素,为制定改进措施提供依据。

3. 数据分析

数据分析需要运用统计学、质量管理等专业知识和方法,对数据进行深入挖掘和剖析。同时,数据分析还需要注重结果的实际应用和价值体现,要将分析结果与实际工作相结合,为改进和提升工程质量提供具体可行的建议。在质量控制工作中,数据说话的原则还要求我们建立一种基于数据的思维方式和工作习惯。我们要时刻关注数据的变化和趋势,用数据来指导工作和决策。同时,我们还要注重数据的共享和交流,通过数据共享平台、质量例会等方式,实现数据信息的互通有无和共同利用。这样不仅可以提高工作效率和质量水平,还可以促进团队协作和沟通能力的提升。

(三)全员参与

项目经理作为项目的核心管理者,他的质量意识和决策对工程质量有着决定性的影响。项目经理应该明确项目的质量目标,制订详细的质量计划,并通过定期的质量检查、评估和反馈来确保质量目标的实现。他不仅要对项目的整体质量负责,更要营造一个重视质量、追求卓越的工作氛围。技术人员在质量控制中扮演着关键角色。他们负责施工图纸的解读、技术方案的制定以及施工过程中的技术指导。技术人员的质量意识和专业能力直接影响到工程质量的稳定性和可靠性。因此,他们必须时刻保持对新技术、新工艺的学习和掌握,不断提高自己的专业水平,确保工程质量的稳步提升。施工人员是质量控制中最直接的执行者。他们的操作规范、技能水平和工作态度直接决定了工程质量的好坏。因此,施工人员必须牢固树立质量第一的意识,严格按照施工图纸和技术要求进行施工,确保每一道工序都符合质量标准。同时,他们还应该积极参与质量改进活动,通过提出合理化建议、参与 QC 小组等方式,为提升工程质量贡献自己的力量。

除了项目经理、技术人员和施工人员,其他项目参与人员如材料员、质检员、安全员等也都在各自的岗位上承担着质量责任。他们的工作虽然各有侧重,但都是质量控制工作中不可或缺的一环。只有每个岗位的人员都明确自己的质量责任,并付诸实践行动中去,才能实现全员参与的质量控制目标。全员参与的质量控制还需要建立一套完善的激励机制和培训体系。通过设立质量奖励、开展质量竞赛等方式,激发全体员工参与质量控制的积极性和创造性。同时,定期开展质量知识培训、技能提升培训等活动,增强员工的质量意识和专业技能水平,为提升工程质量提供有力的人才保障。全员参与的质量控制还需要注重团队协作和沟通。在工程项目中,各个部门、各个岗位之间都存在着紧密的联系和相互影响。只有加强团队协作和沟通,才能确保质量信息在各部门之间及时传递和共享,避免质量问题的发生和扩大化。因此,我们必须建立一种开放、包容、互助的工作氛围,鼓励员工之间相互学习、相互支持、共同进步。

三、质量控制的关键因素

(一)人员因素

经验丰富的施工人员,对于工程施工中的各种问题和挑战都有着更为深刻的认识和理解。他们凭借多年的实践经验和积累的知识,能够迅速应对施工中的各种复杂情况,有效避免或减少质量问题的发生。他们的存在,就像工程项目中的一盏明灯,为其他人员提供了宝贵的指导和帮助。技术熟练的施工人员,则是确保施工质量稳定的重要保障。他们熟悉施工图纸和技术规范,能够准确无误地按照要求进行施工操作。他们的技术水平和操作能力,直接决定了工程质量的稳定性和可靠性。因此,选派技术熟练的施工人员参与工程建设,是提升施工质量的关键举措。责任心强的施工人员,则是施工质量控制的最后一道防线。他们时刻牢记自己的质量责任,严格按照质量标准和要求进行施工操作。他们的工作态度和责任心,对于防止质量问题的发生和扩大化具有至关重要的作用。因此,选派责任心强的施工人员参与工程建设,是确保施工质量的重要保障。

然而,仅仅选派优秀的人员参与工程建设还远远不够。我们还需要加强对人员的培训和教育,不断增强他们的质量意识和技能水平。通过定期的质量知识培训、技能提升培训以及安全教育培训等活动,我们可以帮助施工人员更好地理解和掌握质量标准和要求,增强他们的操作规范性和准确性。同时,通过分享成功案例和失败教训,我们可以激发施工人员的质量意识和责任心,促使他们更加积极地参与到施工质量控制中来。此外,我们还需要建立一套完善的人员激励机制和考核机制。通过设立质量奖励、开展质量竞赛等方式,我们可以激发施工人员的积极性和创造性,鼓励他们为提升施工质量贡献自己的力量。同时,通过对施工人员的定期考核和评价,我们可以及时发现他们在工作中存在的问题和不足,帮助他们制订改进和提升计划,促进他们的个人成长和团队发展。

(二)材料因素

材料因素,在工程施工中占据着举足轻重的地位。作为构成工程实体的基础,材料的质量直接关系到整个工程的稳定性和安全性。因此,对材料采购、验收、储存和使用等环节的严格把关,是确保工程质量的重要前提。在材料采购环节,我们必须选择信誉良好、质量可靠的供应商,并对所采购的材料进行严格的质量检验。不仅要检查材料的外观质量、规格型号是否符合设计要求,还要对其内在质量进行必要的检测和试验,确保其质量符合相关标准和工程需要。材料验收环节更是至关重要。对于进场的材料,我们必须按照合同要求和相关标准进行严格的验收。对于不合格的材料,我们应坚决予以拒收或退换,绝不能让其进入施工现场,以免给工程质量带来隐患。此外,材料的储存和使用环节也不容忽视。我们应建立完善的材料管理制度,确保材料在储存过程中不受损坏、不变质。同时,在使用过程中,我们应严格按照施工工艺和规范进行操作,确保材料的正确使用和充分发挥其性能。

(三)机械因素

机械因素,在工程施工中占据至关重要的地位,机械设备无疑是提高施工效率、确保工程质量的重要工具。选用性能稳定、操作方便的机械设备,不仅能大幅提升施工进度,更能保证施工作业的精准度和质量稳定性。因此,在工程项目中,对机械设备的选择、使用和维护都需给予极高的重视。在机械设备选择上,我们应优先考虑那些经过市场验证、性能卓越、操作简便的设备。这样的设备不仅故障率低,而且能够显著提高施工效率,降低因设备问题导致的工程质量风险。同时,机械设备的维护和保养工作同样不容忽视。定期进行检查、保养和维修,能够确保设备始终处于最佳工作状态,从而延长其使用寿命,减少因设备故障造成的工程延误或质量问题。此外,操作人员对设备的熟练掌握也至关重要。通过专业的培训和考核,确保操作人员能够熟练、准确地操作机械设备,不仅能提高施工效率,更能有效减少因人为失误导致的工程质量问题。

第二章 基础工程质量管理

第一节 土方工程

一、土方开挖质量管理

（一）地质勘察与现场调查

地质勘察是土方开挖前的重要环节,其目的在于了解土层的分布、性质以及地下水位等情况,为开挖提供准确的数据支持。地质勘察应全面、细致,确保所获得的数据真实可靠。在勘察过程中,应关注土层的厚度、承载力、稳定性等指标,以及是否存在软土层、地下空洞等不良地质条件。现场调查则是对地质勘察的补充和完善,主要关注现场的实际情况和可能存在的风险因素。通过现场调查,可以了解施工区域的交通状况、周围环境、地下管线分布等,为开挖过程中的安全防护和交通疏导提供依据。同时,现场调查还有助于发现潜在的地质灾害隐患,如滑坡、泥石流等,从而制定相应的预防措施。

（二）开挖方案制定

制定合理的开挖方案是确保土方开挖质量的关键。开挖方案应根据地质勘察和现场调查的结果,结合工程项目的实际情况进行制定。方案中应明确开挖的顺序、方法、深度等具体参数,确保开挖过程中的安全性和稳定性。这样可以有效避免土方坍塌、滑坡等安全事故的发生。在开挖方法上,应根据土层的性质和厚度选择合适的开挖机械和工艺,确保开挖效率和质量。对于特殊土层或不良地质条件,应采取相应的处理措施,如加固、换填等,以提高土层的稳定性和承载力。

（三）风险评估与应对措施

在土方开挖过程中,可能会面临多种风险因素,如土层坍塌、地下水位变化、机械故障等。为了确保开挖的顺利进行,需要对这些风险因素进行预测和评估,并制定相应的应对措施。风险评估应全面考虑各种可能的风险因素,分析其发生的概率和影响程度,从而确定风险等级。对于高风险因素,应制定详细的应对预案,包括预防措施、应急处理措施等。同时,应建立健全的风险管理机制,明确各方职责和工作流程,确保风险管理的全面性和有效性。在应对措施方面,可以采取多种措施降低风险。例如,加强现场安全防护措施,设置警示标志和围栏;对开挖机械进行定期检查和维护,确保其正常运行;加强施工人员的安全教育和培训,增强其安全意识和操作技能等。这些措施可以有效降低土方开挖过程中的风险水平,保障施工人员的安全和工程项目的顺利进行。

（四）现场监控与测量

在土方开挖过程中,应加强现场监控和测量工作,及时发现和处理开挖过程中的问题。通过定期的监控和测量,可以了解土层的实时变化情况和开挖机械的运行状态,从而及时调整开挖方案和应对措施。现场监控可以采用多种手段进行,如人工巡视、视频监控、传感器监测等。这些手段可以及时发现土方开挖过程中的异常情况,如土层坍塌、地下水位上升等。一旦发现异常情况,应立即采取相应的处理措施,避免事态扩大。测量工作则是确保土方开挖准确性的重要手段。通过定期的测量,可以了解开挖深度、宽度、坡度等关键参数是否符合设计要求。对于不符合要求的区域,应及时进行整改或返工,确保开挖质量符合设计要求和质量标准。

二、土方回填质量管理

(一)回填土料的选择与处理

选择合适的回填土料是确保回填质量的基础。在选择回填土料时,应首先考虑其质量是否符合设计要求,包括土的粒径、含水量、有机质含量等指标。对于不符合要求的涂料,应进行适当的处理或替换。

1. 土料质量要求

回填土料的质量要求应根据工程的具体情况进行确定。一般来说,回填土应具有良好的密实性和稳定性,能够满足工程设计要求的承载力和变形性能。同时,回填土中不应含有过多的杂质和有机物,以免对工程质量造成不良影响。

2. 土料选择与处理措施

在选择回填土料时,应优先考虑利用工程现场的土方资源,以减少运输成本和环境影响。当现场土方资源不足或质量不符合要求时,可从外部采购符合要求的土料。对于不符合要求的土料,可采取以下处理措施:

（1）调整土料的含水量：通过晾晒或加水的方式，使土料的含水量达到最佳含水率，以提高其密实度和稳定性。

（2）去除杂质和有机物：对于含有过多杂质和有机物的土料，应进行筛选、破碎和清洗等处理，以去除其中的不良成分。

（3）改良土性：对于某些特殊性质的土料，如高液限黏土、盐渍土等，可采取添加固化剂、石灰等改良剂的方式，改善其工程性质，使其满足回填要求。

（二）回填方案的制定

制定合理的回填方案是确保回填质量的关键。回填方案应根据工程现场的实际情况和设计要求进行制定，明确回填的顺序、方法、厚度等参数。

1. 回填顺序与方法

回填顺序应遵循先深后浅、先难后易的原则，优先回填较深、较难的区域，再逐步向浅部、易填区域推进。在回填方法上，可采用分层回填、分段回填等方式进行。分层回填是指将回填区域划分为若干层次，逐层进行回填和压实；分段回填则是将回填区域划分为若干段落，逐段进行回填和压实。这两种方法都可以有效地控制回填土的密实度和稳定性。

2. 回填厚度与压实度要求

回填厚度应根据土料的性质、压实机械的功率以及设计要求进行确定。一般来说，每层回填土的厚度不宜过大，以免压实不足导致密实度不够。同时，每层回填土都应进行充分的压实，使其达到设计要求的压实度。压实度是衡量回填土密实度的重要指标，可通过现场试验或计算得出。

（三）回填过程中的监控与测量

在回填过程中，应加强现场监控和测量工作，及时发现和处理回填过程中的问题。通过定期的监控和测量，可以了解回填土的实时变化情况和压实机械的运行状态，从而及时调整回填方案和应对措施。

1. 现场监控措施

现场监控可采用人工巡视和视频监控等方式进行。人工巡视可以及时发现回填过程中的异常情况，如不均匀沉降、裂缝等；视频监控则可以实时监控回填区域的情况，为管理人员提供决策依据。同时，应建立健全的监控机制，明确各方职责和工作流程，确保监控工作的全面性和有效性。

2. 测量工作与记录

测量工作是确保回填质量的重要手段。在回填过程中，应定期对回填土的厚度、压实度等关键参数进行测量和记录。这些数据可以为管理人员提供决策依据，也可以作为工程验收的重要依据。同时，应建立完整的测量记录体系，确保数据的真实性和可追溯性。

（四）重要回填区域或关键部位的加强措施

对于重要的回填区域或关键部位，应采取加强措施以确保回填质量符合设计要求。这些加强措施可以包括增加压实遍数、使用加固材料等。

1. 增加压实遍数

对于重要的回填区域或关键部位，可以增加压实遍数以提高回填土的密实度和稳定性。通过增加压实遍数,可以使土颗粒重新排列并紧密接触,从而提高土的密实度和抗剪强度。同时,也可以减少回填土的固结沉降和工后沉降量,增强工程的整体稳定性。

2. 使用加固材料

在某些特殊情况下,如回填区域的地质条件较差或设计要求较高时,可以考虑使用加固材料来提高回填质量。加固材料可以包括土工合成材料、砂石料等。这些材料可以增强回填土的强度和稳定性,提高其承载力和变形性能。同时,也可以减少回填土的渗透性和压缩性,增强工程的耐久性和安全性。

第二节　地基及基础处理工程

一、设计阶段的质量管理

(一)选择有资质的设计单位

选择设计单位,是设计质量管理的第一步。一个有资质、有经验的设计单位,往往能够凭借其丰富的设计经验和专业的设计团队,为工程提供科学、合理、经济的设计方案。因此,在选择设计单位时,应重点考察其资质、业绩和团队实力。同时,还应对其过往的设计案例进行深入了解,以评估其在地基及基础处理工程设计方面的实际能力。此外,与设计单位的沟通也是至关重要的。在明确设计需求、设计理念以及工程目标的过程中,双方应充分沟通,确保设计单位能够准确理解并满足工程的需求。这样,才能为后续的设计工作奠定坚实的基础。

(二)严格遵循国家相关规范和标准

地基及基础处理工程的设计,必须严格遵循国家相关的规范和标准。这些规范和标准,是工程设计的基石,也是确保设计质量的重要保障。在设计过程中,设计人员应熟练掌握并应用这些规范和标准,确保设计的每一个环节都符合规定要求。同时,随着科技的进步和行业的发展,这些规范和标准也在不断更新和完善。因此,设计人员还应保持持续学习的态度,及时了解和掌握最新的设计理念和技术要求,以确保设计工作的前瞻性和创新性。

(三)设计方案的反复论证和优化

设计方案的形成,并不是一蹴而就的过程。一个优秀的设计方案,往往需要经过反复的论证和优化。在这个过程中,设计人员应充分考虑工程的地质条件、荷载要求、施工条件等因素,对设计方案进行多角度、全方位的评估。同时,还应借助现代科技手段,如计算机模拟分析、有限元分析等,对设计方案进行科学的验证和优化。这样,不仅可以确保设计方案的安全性和经济性,还可以提高设计工作的效率和准确性。

(四)加强与设计人员的沟通交流

设计过程中的沟通交流,是确保设计质量的重要环节。无论是建设单位、施工单位还是监理单位,都应与设计人员保持密切的沟通联系。通过定期的会议、邮件、电话等方式,及时了解设计进展和设计变更情况,确保各方对设计工作有充分的了解和掌握。同时,沟通交流也是解决设计问题、优化设计方案的重要途径。在面对复杂多变的地质条件和工程需求时,各方应协商、集思广益,以找到最佳的设计解决方案。这样,不仅可以提高设计质量,还可以加强各方的合作与信任,为工程的顺利进行创造有利条件。

二、施工阶段的质量管理

(一)选择有资质的施工队伍

施工队伍的选择是地基及基础处理工程施工质量管理的首要环节。一个具备相应资质、拥有丰富施工经验和专业素养的施工队伍,能够按照设计要求和相关标准进行施工,从而确保工程质量。在选择施工队伍时,应重点考察其资质等级、施工业绩、技术人员配备以及施工设备条件等方面。同时,还应了解施工队伍的管理水平和信誉度,以确保其能够在施工过程中严格遵守质量管理规定,保证施工质量。此外,与施工队伍的合同签订也是质量管理的重要环节。在合同中应明确双方的质量责任和义务,约定质量标准和验收方法,以及相应的奖惩机制。这样,既能对施工队伍产生一定的约束力,也能在出现质量问题时依法追究责任,维护自身的合法权益。

(二)严格遵循设计文件和施工组织设计

地基及基础处理工程的施工必须严格遵循设计文件和施工组织设计的要求。设计文件是施工的依据,施工组织设计则是指导施工的重要文件。在施工过程中,施工人员应认真阅读并理解设计文件和施工组织设计的内容和要求,按照规定的施工工艺和方法进行施工。同时,还应加强与设计人员的沟通联系,及时解决施工过程中遇到的设计问题,确保施工的规范性和准确性。在施工过程中,还应对使用的材料、构配件和设备进行严格的质量控制。

这些材料、构配件和设备的质量直接关系着工程的整体质量。因此,在采购、运输、储存和使用过程中,都应加强质量管理和控制,确保其符合设计要求和相关标准。对于不合格的材料、构配件和设备,应及时进行退货或更换,防止其进入施工现场。

(三)加强施工现场的监督管理

施工现场的监督管理是确保地基及基础处理工程施工质量的重要环节。在施工过程中,应建立健全的监督管理机制,明确各级管理人员的职责和权限。同时,还应配备专业的质量监督人员,对施工现场进行全过程的监督和管理。这些监督人员应具备相应的专业知识和实践经验,能够及时发现和处理施工过程中出现的质量问题。在施工现场的监督管理中,应重点关注以下几个方面:一是施工人员的操作是否符合规范要求;二是施工材料、构配件和设备的使用是否符合设计要求;三是施工工艺和方法是否符合施工组织设计的要求;四是施工环境是否满足施工条件等。对于发现的质量问题,应及时进行处理和整改,防止问题扩大化或影响后续施工。同时,还应做好相应的记录和分析工作,为后续的质量管理和改进提供依据。

三、验收阶段的质量管理

(一)严格遵循国家相关规范和标准进行验收

验收工作必须严格遵循国家相关的规范和标准。这些规范和标准是工程验收的基石,也是确保验收结果公正、客观的重要保障。在验收过程中,验收人员应熟练掌握并应用这些规范和标准,对工程的各项质量指标进行全面、细致的检查和评估。同时,验收工作还应遵循科学、公正、客观的原则。验收人员应保持中立立场,不受任何外部因素的干扰和影响,确保验收结果的准确性和公正性。只有这样,才能为工程的后续使用和维护提供可靠的保障。

(二)全面检查和评估工程质量

在验收阶段,应对工程的各项质量指标进行全面检查和评估。这包括地基的承载能力、基础的稳定性、结构的合理性等方面。通过详细的检查和评估,可以及时发现工程中存在的问题和隐患,为后续的整改和处理提供依据。对于不符合要求的工程部分,应及时地整改或返工。整改和返工工作应严格按照设计要求和相关标准进行,确保问题得到彻底解决。同时,还应对整改和返工后的工程部分进行重新验收,确保其符合验收标准。

(三)加强与验收人员的沟通交流

与验收人员的沟通交流是确保验收工作顺利进行的重要环节。通过定期的会议、邮件、电话等方式,可以及时了解验收进展和验收结果情况,确保双方对验收工作有充分的了解和掌握。同时,沟通交流也是解决验收过程中出现问题的重要途径。在面对复杂多变的工程情况时,双方应协商、集思广益,以找到最佳的解决方案。这样不仅可以提高验收效率,还可以加强双方的合作与信任。

第三节 桩基工程

一、施工前质量管理

(一)地质勘察的细致入微

地质勘察是桩基工程设计的先决条件,其准确性直接关系到桩基设计的合理性及工程的安全性。在进行地质勘察时,应对工程所在地的地质构造进行深入的调查和研究。这包括了解地层的分布、岩性的变化、断层和褶皱等地质构造特征,以及它们对桩基工程可能产生的影响。岩土层的分布和特性对桩基的承载力和稳定性具有决定性作用。因此,勘察中需详细查明各岩土层的类型、厚度、密度、含水量、抗剪强度等物理力学性质,为桩基设计提供可靠的岩土参数。地下水位的变化对桩基施工和使用期间的安全性有着重要影响。在地质勘察中,应查明地下水位的季节性变化规律、最高和最低水位、水质及腐蚀性等情况,以便在设计时采取相应的防水和防腐措施。为了确保地质勘察结果的准确性和可靠性,勘察过程中应严格遵守相关规范和标准,采用先进的勘察技术和方法,如钻探、取样、原位测试、地球物理勘探等。同时,勘察人员应具备丰富的地质知识和实践经验,能够准确识别和解释各种地质现象和数据。

(二)设计工作的精益求精

桩基设计是确保工程质量和安全的关键环节。在设计过程中,应根据地质勘察结果和建筑物要求,合理选择桩基类型、桩径、桩长及承载力等设计参数。桩基类型的选择应根据工程所在地的地质条件、荷载要求、施工条件等因素进行综合考虑。例如,在软土地区可选择钻孔灌注桩或预应力管桩等类型;在岩石地区则可选择人工挖孔桩或嵌岩桩等类型。桩径和桩长的确定需满足承载力和稳定性的要求。一般来说,桩径越大、桩长越长,单桩的承载力就越高。但过大的桩径和桩长也会增加施工难度和成本,因此需在设计时进行经济合理的优化。承载力的计算是桩基设计的核心内容之一。在设计时,应根据建筑物的荷载要求、地质条件及桩基类型等因素,采用合适的计算方法进行单桩和群桩的承载力计算。同时,还应考虑桩身强度、桩端承载力及桩侧摩阻力等因素的影响。为了确保设计质量,设计人员应具备扎实的理论知识和丰富的实践经验。在设计过程中,应严格遵守相关规范和标准,采用先进的设计软件和方法进行计算和分析。同时,还应加强与勘察、施工等单位的沟通与合作,确保设计方案的可行性和经济性。

(三)材料设备的严格把控

材料设备的质量直接关系着桩基工程的施工质量和使用安全。在施工前,应对所有进场的材料和设备进行严格的检验和验收。钢筋是桩基工程中的主要受力材料之一。在采购时,应选择质量好、信誉高的厂家生产的产品,并要求提供合格证明和质保书。进场后,应对钢筋进行外观检查、尺寸测量和力学性能试验等检验项目,确保其符合设计要求和规范标准。混凝土是桩基工程中的另一种重要材料。在采购时,应选择质量稳定、符合要求的混凝土供应商,并签订详细的供货合同和技术协议。进场后,应对混凝土的原材料进行检验和验收,如水泥、砂石等的质量和性能指标。同时,还应加强对混凝土配合比的监督和管理,确保混凝土的强度和工作性能满足设计要求。施工设备是桩基工程施工的重要保障。在选择和使用设备时,应符合施工要求和安全标准。对于大型设备如钻机、起重机等,还应进行定期的维护和保养工作,确保其正常运转和安全使用。在设备进场后,应对其进行全面的检查和验收工作,包括设备的型号、规格、性能等是否符合设计要求和安全标准;设备的附件和备件是否齐全;设备的运转是否正常等。

二、施工过程中的质量管理

(一)施工现场布置与环境管理

施工现场的整洁和规范是保证施工质量的前提。在施工前,必须对现场进行合理的规划和布置,确保施工道路畅通,材料堆放有序,设备停放位置合理。同时,要设置好相应的施工标志和安全设施,如警示牌、围栏、夜间照明等,以提醒施工人员和外来人员注意安全。为了维持施工现场的整洁,应制定严格的卫生管理制度,明确责任区域和责任人,定期进行清扫和整理。对于产生的建筑垃圾和废弃物,要及时清理并运送到指定地点进行处理,防止对环境造成污染。此外,施工现场还应配备必要的消防设施和安全急救设备,以应对可能发生的紧急情况。同时,要加强对现场人员的安全教育和培训,增强他们的安全意识和自救能力。

(二)施工人员的技术与安全培训

施工人员的技术水平和安全意识直接影响施工质量的优劣。因此,在施工前和施工过程中,必须加强对施工人员的技术培训和安全教育。技术培训方面,要针对桩基工程的特点和施工要求,制订详细的培训计划,包括培训内容、培训时间、培训方式等。培训内容应涵盖施工方案的解读、施工技术的掌握、施工设备的操作等方面。培训方式可以采取集中授课、现场示范、模拟操作等多种形式,以确保施工人员能够熟练掌握相关技能。安全教育方面,要重点强调施工现场的安全规定和操作规程,让施工人员深刻认识到安全的重要性。同时,要定期进行安全知识测试和应急演练,提高施工人员在紧急情况下的应对能力。对于违反安全规定的行为,要严肃处理并追究相关责任人的责任。

(三)定期的质量检查与验收工作

在施工过程中,定期的质量检查和验收是确保施工质量的重要手段。质量检查应贯穿整个施工过程,包括对桩位、桩径、桩长、垂直度等关键指标的测量和检查。这些指标的准确性直接关系着桩基的承载力和稳定性,因此必须严格控制。对于混凝土强度和钢筋焊接质量等重要环节,应进行专门的检测和评估。例如,可以通过取样试验来检测混凝土的抗压强度和抗渗性能;通过无损检测来评估钢筋焊接的牢固性和可靠性。这些检测和评估结果应作为质量验收的重要依据。在质量检查过程中,一旦发现质量问题或隐患,应立即进行处理和整改。对于轻微的质量问题,可以采取返工、修补等措施进行整改;对于严重的质量问题,必须停工整改并追究相关责任人的责任。同时,要做好质量问题的记录和分析工作,总结经验教训,防止类似问题再次发生。隐蔽工程的验收是施工过程中质量管理的又一个重要环节。隐蔽工程是指在后续施工过程中将被覆盖或掩蔽的工程部分,如桩基工程的桩身完整性、钢筋笼的制作与安装等。这些工程部分的质量直接关系到整个建筑物的安全性和使用寿命。因此,在隐蔽工程完成后,必须及时进行验收工作,确保其质量符合要求。验收过程中应严格按照相关规范和标准进行检查和评估,并做好验收记录和资料的整理工作。

三、施工后的质量管理

(一)全面的质量验收工作

质量验收是施工完成后对桩基工程质量进行全面检查和评估的过程。这一过程应严格按照相关规范和标准进行,确保工程各项指标均符合要求。

1. 承载力验收

承载力是桩基工程最重要的质量指标之一。验收时应通过静载试验等方法对单桩和群桩的承载力进行检测,确保其满足设计要求和规范标准。对于不符合要求的桩基,应分析原因并采取加固措施,直至达到设计要求。

2. 沉降量验收

桩基在使用过程中会产生一定的沉降,但沉降量必须在规范允许的范围内。验收时应通过沉降观测等方法对桩基的沉降量进行检测和评估。对于沉降量过大的桩基,应查明原因并采取相应措施进行处理。

3. 桩身完整性验收

桩身完整性是桩基工程质量的又一个重要指标。验收时应通过低应变检测等方法对桩身完整性进行检查和评估,确保桩身无断裂、夹泥等缺陷。对于存在缺陷的桩基,应进行整改或返工处理。在质量验收过程中,应做好详细的验收记录,包括验收时间、地点、参与人员、验收方法、检测结果等内容。这些记录应作为工程档案资料的重要组成部分,为工程的后续使用和维护提供依据。

(二)细致的资料整理工作

施工完成后,应对桩基工程的资料进行全面细致的整理。这些资料包括施工图纸、施工方案、设计变更、施工记录、质量检测报告、验收记录等。整理时应按照工程档案管理的相关要求进行分类、编号、装订成册,并妥善保存。资料的整理工作对于工程的后续使用和维护具有重要意义。一方面,完整的档案资料可以为后续的维修和改造提供准确的依据和参考;另一方面,档案资料是工程质量责任追溯的重要依据,对于保障工程质量安全具有重要作用。

(三)持续的维护保养工作

桩基工程在使用过程中会受到多种因素的影响,如地下水位变化、地质构造变动、上部结构荷载变化等。这些因素可能导致桩基出现沉降、位移、开裂等问题,影响建筑物的安全稳定使用。因此,需要定期对桩基工程进行检查和维护保养。维护保养工作应根据桩基工程的具体情况和环境条件进行制定。一般包括定期检查、沉降观测、桩身完整性检测等内容。对于发现的问题和隐患,应及时进行处理和解决,防止问题的扩大和恶化。同时,要加强对维护保养工作的管理和监督,确保各项措施得到有效落实。除了定期的维护保养,还应加强对桩基工程周边环境的监测和保护。例如,对于位于河流、湖泊等水域附近的桩基工程,应加强对水位的监测和防洪措施的实施;对于位于软土地区的桩基工程,应加强对地质构造变动的监测和预防措施的实施。这些措施可以有效减少外部环境对桩基工程的不利影响,保障其长期稳定和安全使用。

第四节　地下防水工程

一、防水材料的选择

(一)材料性能稳定

防水材料首先要具备的性能就是稳定性。这种稳定性体现在多个方面,如耐候性、抗老化性和耐腐蚀性。耐候性是指材料在不同气候条件下的稳定性,无论是严寒酷暑还是干湿交替,都应保持其原有的性能不变。抗老化性则是指材料在长时间使用过程中,能够抵抗自然因素(如紫外线、氧化等)导致的性能退化。耐腐蚀性则是指材料能够抵抗地下水、化学物质等腐蚀性物质的侵蚀,保持其结构和性能的完整性。为了确保防水材料的稳定性,选择时应对其进行全面的性能测试。这些测试包括耐候性测试、抗老化性测试和耐腐蚀性测试等。只有经过严格测试并符合相关标准的防水材料,才能被用于地下防水工程。

(二)与基层黏结牢固

除了稳定性,防水材料还需要与基层材料具有良好的黏结性。这是因为地下防水工程通常是在混凝土、砖石等基层材料上进行的,如果防水材料不能与这些基层材料紧密黏结,那么在使用过程中就可能出现脱落、空鼓等现象,严重影响防水效果。为了确保防水材料与基层的黏结牢固,选择时应考虑其与基层材料的相容性。相容性好的防水材料能够与基层材料形成紧密的化学键合,从而提高黏结强度。此外,还可以通过在基层表面涂刷底漆或使用专门的黏结剂等方法,进一步增强防水材料与基层的黏结力。

(三)易于施工

易于施工是选择防水材料的另一个重要原则。地下防水工程往往需要在复杂的施工条件下进行,如温度、湿度等环境因素的变化都可能对施工造成影响。因此,选择的防水材料应能够适应这些变化,具有良好的施工性能。具体来说,易于施工的防水材料应具备以下特点:一是施工工艺简单,能够快速、高效地完成施工任务;二是对施工环境的要求不高,能够在不同的温度、湿度等条件下进行施工;三是施工过程中无须特殊的设备或技能,普通施工人员即可完成操作。这样的防水材料不仅能够提高施工效率,还能够降低施工成本,是地下防水工程的理想选择。

二、设计合理性

(一)确定防水等级

防水等级是地下防水工程设计的基础,它直接关系着工程的安全性和使用功能。防水等级的确定需要考虑多种因素,包括工程的重要性、使用功能、地质条件、水文条件等。不同的工程对防水等级的要求也不同,因此,在确定防水等级时,必须进行全面的分析和评估。一般来说,对于重要性和使用功能较高的工程,如地铁、隧道、大型地下商场等,需要采用较高的防水等级,以确保工程的安全性和稳定性。而对于一些次要或临时性的工程,可以适当降低防水等级,以节约成本。但无论如何,防水等级都必须满足工程的基本需求,不能因为节约成本而牺牲工程的安全性。在确定防水等级时,还需要考虑工程的实际情况。例如,对于处于高水位地区的工程,需要适当提高防水等级,以防止地下水渗入工程内部。而对于处于低水位地区的工程,可以适当降低防水等级。此外,还需要考虑工程的结构特点和使用环境等因素,如工程的形状、尺寸、埋深等,以及工程所处的气候、土壤等环境条件。

(二)优化防水构造

在进行防水构造设计时,需要针对工程的具体情况,选择合适的防水层数、厚度和材料,以确保防水效果达到最佳。首先,防水层数的选择需要根据工程的实际情况进行确定。一般来说,防水层数越多,防水效果越好,但也会增加工程的成本和施工难度。因此,在选择防水层数时,需要综合考虑多种因素,如工程的重要性、使用功能、地质条件、水文条件等。对于重要性和使用功能较高的工程,可以适当增加防水层数;而对于一些次要或临时性的工程,可以适当减少防水层数。其次,防水厚度的选择也需要根据工程的实际情况进行确定。防水厚度过薄,可能无法起到有效的防水作用;而防水厚度过厚,则会增加工程的成本和施工难度。因此,在选择防水厚度时,需要综合考虑多种因素,如防水材料的性能、工程的形状和尺寸等。一般来说,对于大型或重要的工程,需要选择较厚的防水层;而对于小型或次要的工程,可以选择较薄的防水层。最后,防水材料的选择也是防水构造设计的关键环节。不同的防水材料具有不同的性能和特点,因此,在选择防水材料时,需要充分考虑其适应性、耐久性和经济性等因素。例如,对于一些要求较高的工程,可以选择性能稳定、耐久性好的高分子防水材料;而对于一些次要或临时性的工程,可以选择成本较低、施工方便的沥青类防水材料。

(三)考虑排水措施

在地下防水工程设计中,除了采取有效的防水措施,还需要充分考虑排水措施。这是因为即使采取了严密的防水措施,也难以完全避免地下水的渗入。因此,为了确保工程的安全性和稳定性,必须采取有效的排水措施,将渗入工程内部的地下水及时排出。排水措施的设计需要考虑多种因素,如工程的形状、尺寸、埋深等,以及地下水的水位、流量等。一般来说,对于大型或重要的工程,需要设置专门的排水系统,包括排水沟、排水管等;而对于一些小型或次要的工程,可以采取简单的排水措施,如设置集水坑、排水口等。此外,还需要考虑排水系统的维护和检修问题,以确保其长期稳定运行。

第三章　工程造价概述

第一节　工程造价的定义

一、工程造价的基本概念

工程造价,简而言之,即为完成一项工程建设所需投入的全部费用。这些费用贯穿工程项目的始终,从项目初期的决策阶段,到设计、施工,直至最后的竣工验收,每一环节都离不开资金的投入。具体来说,工程造价涵盖了建筑安装工程费、设备工器具购置费、工程建设其他费用以及为应对可能风险而预留的预备费和应缴纳的各项税费等多个部分。建筑安装工程费是工程项目中最基础、最直接的投入,涉及人工、材料、机械等各方面的费用。设备工器具购置费则是确保工程顺利进行所必需的设备和工具的采购费用。此外,工程建设还涉及诸如土地使用费、项目管理费、勘察设计费等其他费用,这些都是确保工程项目顺利推进不可或缺的部分。工程造价不仅是工程项目经济效益和投资效益的重要衡量指标,也是项目决策的重要依据。科学合理的工程造价能够确保项目的经济效益最大化,避免资源的浪费和不必要的损失。同时,通过对工程造价的严格控制和管理,还可以有效防范项目风险,确保工程项目的顺利进行和高质量完成。因此,在工程项目的各个阶段,都需要对工程造价进行精细化的管理和控制,以确保项目的经济效益和社会效益得到最大化实现。这也要求工程造价管理人员具备专业的知识和技能,能够准确把握市场动态,科学合理地制定和调整工程造价管理策略。

二、工程造价的构成

(一)建筑安装工程费

建筑安装工程费,作为工程造价的核心组成部分,直接反映了工程项目建设中最基本、最直接的投入。这笔费用涵盖了人工费、材料费以及机械使用费等多个方面,每一笔支出都是确保工程顺利进行所不可或缺的。人工费是支付给直接参与工程建设的施工人员的报酬,包括基本工资、津贴和福利等,这是保障施工人员劳动权益的重要体现。材料费则是用于购买工程所需的各种原材料和构件的费用,如水泥、钢筋、砂石等,这些材料的质量和数量直接关系着工程的质量和安全。机械使用费则是用于租赁或购买施工机械设备所产生的费用,如塔吊、挖掘机、装载机等,这些机械设备的使用可以极大提高施工效率和质量。建筑安装工程费的高低直接决定了工程造价的大小,进而影响工程项目的投资效益和经济效益。因此,在工程项目建设过程中,必须对建筑安装工程费进行严格的控制和管理。一方面,要通过科学合理的施工组织设计和施工方案来优化施工流程,降低施工成本;另一方面,要加强材料设备的管理和使用,避免浪费和损失,确保每一分钱都花在刀刃上。

(二)设备工器具购置费

设备工器具购置费在工程项目中占据着不可忽视的地位。陈了建筑安装工程外,工程项目往往还需购置各种必要的设备和工器具,以确保施工过程的顺利进行和工程质量的保障。这些费用并不仅限于设备本身的价格,而是一系列与设备购置相关的综合性支出。具体来说,设备工器具购置费首先包括设备的原价,即购买设备所需支付的基本费用。此外,运杂费也是不可忽视的一部分,它涵盖了设备从生产地到施工现场的运输过程中所产生的各种费用,如装卸费、运输费等。为了确保设备在运输过程中的安全,运输保险费也是必须考虑的一项支出,它为设备在运输途中可能遭受的损失提供了经济保障。此外,采购与保管费也是设备工器具购置费的重要组成部分。采购过程中的谈判、签约、验收等环节都可能产生一定的费用,而设备到达施工现场后的保管工作也需要投入人力和物力资源,以确保设备在施工期间的安全和完好。

(三)工程建设其他费用

工程建设其他费用,在工程项目总造价中占据一席之地,虽不直接参与实体建设,却如同工程项目的血脉,为项目的顺利实施和未来的顺畅运营提供着必要的养分和保障。其中,土地使用费是工程项目在取得土地使用权时必须支付的费用,它关系着工程项目的用地合法性和稳定性。无论是通过出让、划拨还是租赁等方式获得土地使用权,都需要支付相应的费用,这是工程项目得以落地的基础。与项目建设有关的其他费用则更为繁杂,它们可能包括项目可行性研究费、勘察设计费、工程监理费、招标代理费等。这些费用虽然不直接参与工程建设,却是确保工程项目设计科学合理、施工过程规范有序、最终质量符合标准的重要保障。而与未来生产经营有关的其他费用,则更多地着眼于工程项目的长远发展和运营效益。它们可能包括生产准备费、职工培训费、联合试运转费等。这些都是为了确保工程项目在建成投产后能够顺利投入运营、实现预期效益而必须预先考虑和安排的费用。

(四)预备费和税费

预备费和税费在工程项目造价中同样扮演着重要的角色,它们各自承担着不同的功能和作用,共同为工程项目的顺利进行和合规运营保驾护航。预备费,顾名思义,是为了应对工程建设过程中可能出现的各种不可预见因素而预先留存的一笔费用。在工程项目的实施过程中,难免会遇到一些突发的、难以预料的情况,如地质条件变化、自然灾害、政策调整等,这些情况都可能对工程的进度和费用产生影响。而预备费的存在,就是为了在这些情况发生时,能够及时调动资金,确保工程能够继续顺利进行,不至于因为突发因素而陷入停滞。可以说,预备费是工程项目风险管理的重要组成部分,它为工程项目的稳定推进提供了一层额外的保障。而税费则是工程项目在建设和运营过程中必须依法缴纳的各项费用的总称。这些税费可能包括增值税、所得税、印花税、土地使用税等多个种类,它们是国家税收制度的重要组成部分,也是工程项目合规运营的必要条件。税费的缴纳不仅关系到工程项目的经济效益,更关系到工程项目的合法性和社会责任。因此,在工程项目的造价管理中,必须充分考虑税费的影响,确保工程项目的合规性和经济效益的最大化。

第二节 工程造价的计价方法和依据

一、工程造价的计价方法

(一)定额计价法

定额计价法,这一深深烙印在中国工程领域中的传统计价方法,是长久以来工程项目成本估算与经济核算的基石。其核心在于严格遵循国家或地方所颁布的定额标准进行计算,这些标准通常涵盖了材料消耗、人工费用、机械设备使用等多个方面,为工程项目的预算和结算提供了明确、统一的尺度。定额计价法的应用领域主要集中在那些标准化程度较高、施工工艺相对固定的工程项目中。在这些项目中,由于工程内容、施工方法、材料设备种类等都较为稳定,因此可以通过套用定额标准来快速、准确地计算出工程成本。这种计价方式在很大程度上简化了工程项目的成本管理工作,提高了工程预算和结算的效率。谈及定额计价法的优点,计算简便和易于掌握无疑是其中最为突出的两点。定额标准是由权威机构制定并发布的,因此在实际应用中具有很强的统一性和可操作性。无论是工程师还是造价人员,都可以通过学习和掌握这些标准来快速进行工程成本的计算和分析。

这种计价方式对于保证工程成本的合理性和透明度具有重要意义,也为工程项目的成本控制提供了有力支持。然而,正如一枚硬币有两面一样,定额计价法也存在其固有的缺点。其中最为明显的就是灵活性较差,难以适应复杂多变的工程项目环境。在实际工程项目中,尤其是那些大型、复杂的项目,往往存在着诸多不确定因素,如设计变更、材料价格波动、施工条件变化等。这些因素都可能导致工程成本发生较大变化,而定额计价法由于其固有的僵化性,往往难以及时、准确地反映这些变化。这就可能导致工程预算与实际成本之间存在较大偏差,给工程项目的经济管理和决策带来困难。

(二)清单计价法

清单计价法,作为现代工程项目管理中的一种重要计价方式,其核心理念是以市场为导向,紧密围绕工程项目的实际需求和市场价格进行计算。这种方法在规模庞大、施工周期长、技术难度大的工程项目中,发挥着不可替代的作用。与传统的定额计价法相比,清单计价法更加注重市场动态和工程实际,因此在现代工程项目中得到了广泛的应用。清单计价法的应用,首先体现在其能够真实、准确地反映工程项目的实际造价和市场价格水平。在工程项目实施过程中,材料、设备、人工等资源的市场价格是不断变化的,这些变化直接影响工程项目的成本。而清单计价法正是通过实时跟踪市场价格,将工程项目的实际需求与市场价格紧密结合,从而确保工程造价的准确性和合理性。这种计价方式不仅有助于工程项目管理者及时了解工程成本的变化情况,还能够为工程项目的投资决策提供有力支持。清单计价法的另一个显著优点是有利于实现工程造价的动态管理和控制。

在传统的定额计价法下,工程造价往往是静态的、固定的,难以适应市场变化和工程实际的需求。而清单计价法则通过实时调整工程造价,使其与市场价格和工程实际需求保持动态平衡。这种动态管理和控制方式不仅能够及时反映工程项目的成本变化情况,还能够有效避免工程造价的超支和浪费,提高工程项目的经济效益。然而,清单计价法也存在一定的缺点,其中最为明显的就是计算过程较为复杂,需要较高的专业知识和技能。由于清单计价法涉及工程项目的多个方面,如材料、设备、人工、施工方法等,每个方面都需要进行详细的市场调查和成本分析。这就要求工程造价人员不仅具备扎实的专业知识,还需要有丰富的实践经验和敏锐的市场洞察力。此外,清单计价法的计算过程还需要借助专业的计算机软件和工具,这也提高了其应用的难度和成本。为了克服清单计价法的这些缺点,许多工程项目开始加强工程造价人员的培训和教育,提高他们的专业素养和技能水平。同时,也积极引入先进的计算机软件和工具,辅助工程造价人员进行清单计价法的计算和分析。这些措施在很大程度上提高了清单计价法的应用效率和准确性,为其在工程项目中的广泛应用奠定了坚实基础。

(三)参数法计价

参数法计价,作为一种在工程领域中广泛应用的计价方法,其核心在于利用历史数据和统计分析的原理,为工程项目提供快速、有效的成本估算。该方法主要基于工程项目的类型、规模、地理位置等一系列关键参数进行计算,确保所得出的工程造价估算既科学合理又具备可比性。特别适用于那些具有一定相似性和可比性的工程项目,如住宅楼、办公楼、桥梁、道路等。在参数法计价的实际应用中,工程项目的类型是首要考虑的因素。不同类型的工程项目,如住宅建筑与商业建筑,其设计、施工和材料需求等方面都存在显著差异,这些差异会直接影响工程造价的估算。因此,在运用参数法计价时,必须首先对工程项目的类型进行准确界定,以确保所选取的历史数据和统计分析方法具有针对性和适用性。工程项目的规模也是参数法计价中不可忽视的重要因素。规模大小不仅决定了工程项目的施工周期、材料消耗和人力需求等基本方面，还在很大程度上影响着工程项目的整体成本和造价。通过对历史数据的深入挖掘和分析，参数法计价能够揭示出不同规模工程项目之间的成本差异和变化规律，从而为新建工程项目的造价估算提供有力支持。此外，工程项目的地理位置也是参数法计价中必须考虑的因素之一。不同地区的经济发展水平、物价水平、施工条件等都会对工程项目的造价产生影响。因此，在运用参数法计价时，需要充分考虑工程项目的地理位置特点，结合当地的市场行情和施工环境，对工程造价进行合理调整和优化。

参数法计价的显著优点之一是计算速度较快。由于该方法主要基于历史数据和统计分析进行计算，因此能够在较短时间内得出较为准确的工程造价估算结果。这对于工程项目的前期决策和成本控制具有重要意义，能够帮助项目管理者及时把握工程项目的成本状况，为后续的投资决策和施工管理提供有力依据。然而，参数法计价也存在一定的局限性。对于特殊性和复杂性的工程项目，如大型公共设施、高层建筑、地下工程等，由于其设计、施工和材料需求等方面的独特性，使得传统的参数法计价难以准确反映其实际造价情况。在这种情况下，如果仍然坚持使用参数法计价，可能会导致工程造价估算的偏差和失真，给工程项目的经济管理和决策带来不利影响。

二、工程造价的依据

（一）政策法规

1. 项目投资决策阶段

在项目投资决策阶段，政策法规的作用尤为突出。投资者需要对项目的可行性、市场前景、技术难度等进行全面评估,而政策法规正是这些评估的重要依据之一。例如,政府对于某些行业的扶持政策,可以为投资者提供税收减免、资金补贴等优惠措施,从而降低项目的投资风险,提高项目的经济效益。反之,如果政府对于某些行业实施限制或淘汰政策,那么投资者就需要更加谨慎地考虑是否进入这些领域,避免造成不必要的损失。

2. 资金筹措方面

在资金筹措方面,政策法规同样发挥着重要作用。工程项目的资金来源多种多样,包括自有资金、银行贷款、社会融资等。而政策法规对于各种融资方式的合规性、成本、风险等方面都有着明确的规定和要求。例如,政府对于银行贷款的利率、期限、担保等方面都有严格的规定,投资者需要根据这些规定来选择合适的融资方式,确保项目的资金需求得到满足的同时,也避免陷入违规操作的境地。

3. 成本控制方面

在成本控制方面,政策法规的影响同样不容忽视。工程项目的成本构成复杂,包括人工费、材料费、机械费、管理费等多个方面。而政策法规对于这些成本的核算、控制、审计等方面都有着详细的规定和要求。例如,政府对于建筑行业的工资标准、安全生产要求、环保要求等方面的规定,都会直接影响工程项目的成本构成和控制策略。投资者和工程造价管理人员需要密切关注这些政策法规的变化,及时调整和优化造价管理策略,确保项目的成本控制在合理范围内。

除了对工程项目的各个阶段产生直接影响,政策法规还在宏观层面上对整个工程造价行业的发展趋势和方向起着重要的引导作用。随着社会的不断进步和行业的发展变化,政府会不断出台新的政策法规来适应这些变化,推动工程造价行业的健康发展。因此,工程造价管理人员不仅需要关注具体的政策法规内容,还需要深入理解其背后的政策意图和发展方向,以便更好地把握市场机遇和应对挑战。

(二)工程设计文件

1. 可行性研究报告

项目的可行性研究报告是决策阶段的关键文件,它通过对项目的市场需求、技术可行性、经济效益、社会影响等方面进行深入研究和分析,为投资者提供了项目是否值得投资的决策依据。在工程造价计算方面,可行性研究报告中的投资估算部分,为整个项目的造价设定了一个初步的范围。这个估算虽然相对粗略,但它为后续的设计阶段和详细的造价计算奠定了基础,确保了项目从一开始就控制在合理的成本范围内。

2. 初步设计文件

初步设计文件是在可行性研究报告获得批准后,进入设计阶段的首要产物。它详细描述了工程项目的规模、功能布局、结构形式、主要材料和设备等关键要素,是工程造价师进行初步造价计算的重要依据。在这一阶段,设计文件的深度和详细程度逐渐增加,为造价计算提供了更加准确的数据支持。例如,结构工程师会根据初步设计图纸来计算所需的钢筋、混凝土等材料的数量,而设备工程师则会根据设计要求来确定所需的设备型号和数量。这些详细的数据为工程造价师提供了宝贵的计算依据,确保了造价计算的准确性和合理性。

3. 施工图设计文件

施工图设计文件是设计阶段的最终产物,也是工程造价计算最为重要的依据之一。与初步设计文件相比,施工图设计文件的详细程度更高,它几乎涵盖了工程项目施工的所有细节。这一阶段的设计文件不仅包括建筑、结构、给排水、电气等各个专业的详细设计图纸,还包括了材料清单、设备明细表等详尽的数据资料。这些资料为工程造价师提供了进行精确造价计算所需的所有信息,确保了项目造价的准确性和完整性。在施工图设计阶段,工程造价师需要根据设计图纸和清单,详细计算每一个分部分项工程的工程量,并根据市场价格和定额标准来确定其造价。这一过程需要高度的专业知识和丰富的实践经验,以确保造价计算的准确性和合理性。同时,工程造价师还需要与设计人员紧密合作,及时反馈造价计算中发现的问题,共同优化设计方案,降低项目成本。

(三) 市场行情信息

1. 原材料价格

原材料价格是市场行情信息中最为关键的一部分。原材料在工程项目中占据着举足轻重的地位,其价格的波动会直接影响整个项目的成本。例如,在建筑工程中,钢筋、水泥、砂石等原材料的价格变化,都会对工程的造价产生显著影响。如果市场行情显示原材料价格上涨,那么工程造价管理人员就需要及时调整造价预算,以确保项目的顺利进行。同时,他们还需要与供应商保持紧密沟通,了解价格变化的原因和趋势,以便更好地制定应对策略。

2. 人工费用

人工费用也是市场行情信息中不可忽视的一部分。在工程项目的实施过程中,人工费用通常占据相当大的比例。因此,工程造价管理人员需要密切关注劳动力市场的动态,了解各工种、各等级工人的工资标准和变化趋势。例如,在建筑行业中,泥水工、木工、钢筋工等关键工种的工资水平会直接影响工程的造价。如果市场行情显示某些工种的工资上涨,那么工程造价管理人员就需要及时调整人工费用预算,以确保项目的正常推进。

3.机械设备租赁费用

机械设备租赁费用也是市场行情信息中的重要组成部分。在工程项目的实施过程中,往往需要租赁各种机械设备来辅助施工。这些设备的租赁费用不仅与设备的型号、规格有关,还与市场的供需关系、租赁期限等因素有关。因此,工程造价管理人员需要密切关注机械设备租赁市场的动态,了解各种设备的租赁价格和变化趋势。如果市场行情显示某些设备的租赁费用上涨,那么他们就需要及时调整设备租赁预算,以确保项目的成本控制在合理范围内。

除了上述三个方面,市场行情信息还包括其他与工程造价相关的各种信息,如政策调整、汇率变动、国际贸易形势等。这些信息虽然可能不直接反映在工程造价上,却会对项目的实施和成本控制产生间接影响。因此,工程造价管理人员也需要关注这些信息的变化,以便更好地把握市场动态和制定应对策略。

(四)历史数据和经验

1.历史数据

历史数据对于工程造价计算具有不可替代的价值。这些数据包括类似工程项目的造价记录、材料价格变动、人工费用走势等,它们都是经过实践检验的真实反映。通过对这些数据的深入挖掘和分析,工程造价管理人员可以了解到各种因素对造价的影响程度,进而在新项目中进行更加精准的预测和估算。比如,某个地区在过去几年内建筑材料价格的波动情况,就可以为新项目在该地区的材料采购提供重要的参考依据。这样的数据支持,无疑能够极大地增强工程造价计算的准确性和可靠性。

2. 经验

经验在工程造价计算中同样发挥着重要的作用。这里的经验不仅是指工程造价管理人员个人的实践经验,还包括整个行业在长期发展过程中积累下来的宝贵经验。这些经验往往以案例、规范、标准等形式存在,对于新项目的造价计算具有重要的指导意义。比如,在建筑行业中,对于不同类型的建筑、不同结构的施工方法和材料选用等方面都有着丰富的经验积累。这些经验可以帮助工程造价管理人员在面对类似项目时更加迅速地找到合理的造价计算方法和参数设置,从而提高工作的效率和准确性。

历史数据和经验还可以帮助工程造价管理人员更好地把握市场趋势和行业动态。市场是不断变化的,新材料、新技术、新政策等因素都会对工程造价产生影响。而通过对历史数据和经验的总结和分析,工程造价管理人员可以更加敏锐地捕捉到这些变化,及时调整和优化造价计算策略,确保项目的经济效益和社会效益得到最大化。比如,在可再生能源领域,随着技术的进步和政策的扶持,太阳能、风能等清洁能源的应用越来越广泛。对于涉及这类技术的工程项目,工程造价管理人员就需要密切关注相关技术的发展动态和政策变化,以便在造价计算中充分考虑这些因素,确保项目的可行性和盈利性。

第三节 工程造价的控制与管理

一、投资决策阶段的工程造价控制与管理

(一)市场需求分析

在投资决策阶段,首先需要对项目的市场需求进行深入分析。这包括了解目标市场的规模、增长趋势、竞争格局以及消费者偏好等信息。通过对市场需求的准确把握,可以确保项目在建成后能够满足市场需求,从而实现预期的经济效益。同时,市场需求分析还有助于确定项目的产品定位和营销策略,为后续的开发和销售奠定基础。在工程造价的控制与管理方面,市场需求分析可以为投资估算提供重要依据。通过对市场需求的了解,可以初步估算出项目的建设规模和投资规模,从而避免盲目投资带来的风险。此外,市场需求分析还有助于优化设计方案和选择合适的施工技术,进一步降低工程造价。

(二)技术可行性研究

技术可行性研究是投资决策阶段不可或缺的一环。它涉及对项目所采用的技术方案、工艺流程、设备选型等进行全面评估和分析。通过技术可行性研究,可以确保项目所采用的技术方案是先进可行的,能够实现预期的生产目标和技术指标。在工程造价的控制与管理方面,技术可行性研究同样具有重要意义。首先,技术方案的选择和工艺流程的设计直接影响项目的建设投资和运营成本。因此,在技术可行性研究阶段,需要对各种技术方案进行经济

比较和分析,选择性价比最高的方案。其次,设备选型也是影响工程造价的关键因素之一。通过合理的设备选型,可以在满足生产需求的前提下,降低设备采购成本和运行维护费用。

(三)经济效益评估

经济效益评估是投资决策阶段的核心内容之一。它旨在对项目的投资回报率、净现值、内部收益率等经济指标进行预测和分析,以评估项目的盈利能力和抗风险能力。通过经济效益评估,可以为投资者提供决策依据,确保项目在经济上具有可行性。在工程造价的控制与管理方面,经济效益评估同样发挥着重要作用。首先,经济效益评估可以为投资估算提供重要参考。通过对项目的预期收益和投资成本进行预测和分析,可以初步确定项目的投资规模和资金筹措方案。其次,经济效益评估还有助于优化设计方案和选择合适的承包商及供应商,进一步降低工程造价并提高项目的经济效益。

(四)投资估算的合理性

投资估算的合理性投资估算的准确性将直接影响后续阶段的造价控制与管理。因此,在投资决策阶段,必须确保投资估算的科学性和合理性。这要求投资者在编制投资估算时,应充分考虑项目的实际情况和市场行情,采用合理的估算方法和依据,避免盲目乐观或过于保守的估算结果。同时,还需要对投资估算进行多方案比较和分析,选择最优的投资方案。

二、设计阶段的工程造价控制与管理

(一)限额设计的重要性与实施

限额设计是设计阶段工程造价控制与管理的重要手段之一。它根据投资估算和设计任务书的要求,对初步设计、施工图设计等各阶段的造价进行严格控制,确保工程造价不突破限额目标。实施限额设计,首先要明确投资估算和设计任务书的要求,将其作为限额设计的依据。在此基础上,将投资限额按专业、按部位进行分解,落实到每一个专业设计人员,明确各自的责任和限额目标。这样,设计人员在设计过程中就会时刻关注造价问题,力求在满足功能需求的前提下,将造价控制在限额范围内。为了确保限额设计的有效实施,还需要建立相应的考核和奖惩机制。对于在设计过程中能够成功控制造价、节约投资的设计人员,应给予相应的奖励;反之,对于超出限额目标的设计,应分析原因并追究相关人员的责任。这样,可以激发设计人员控制造价的积极性和主动性,提高限额设计的实施效果。

(二)优化设计方案的必要性与方法

优化设计方案是设计阶段工程造价控制与管理的另一个重要手段。在满足功能需求的前提下,通过技术经济分析和比较,选择造价较低的方案,可以达到降低工程造价的目的。优化设计方案的实施,需要设计人员具备丰富的专业知识和实践经验。在设计过程中,设计人员应充分运用价值工程原理,对设计方案进行功能分析和成本分析。通过功能分析,明确项目的必要功能和辅助功能,剔除不必要的功能;通过成本分析,了解各项功能的成本占比,找出降低成本的关键点。在此基础上,对多个设计方案进行技术经济比较,选择既满足功能需求又造价较低的方案。为了进一步提高优化设计方案的效果,还可以借助先进的技术手段和方法。例如,利用 BIM(BUILDING INFORMATION MODELING)技术进行三维建模和碰撞检测,可以发现设计中的冲突和不合理之处,提前进行优化和调整;利用大数据分析技术对同类项目的造价数据进行分析和挖掘,可以为设计方案的优化提供有力的数据支持。

除了限额设计和优化设计方案,设计阶段还可以采取其他综合措施来加强工程造价的控制与管理。例如,加强设计审查工作,对设计方案的合理性、经济性进行严格把关;推行设计监理制度,委托专业的设计监理单位对设计过程进行全程跟踪和监督;加强与施工单位的沟通与协作,确保设计方案的可施工性和经济性等。

三、招投标阶段的工程造价控制与管理

(一)招标文件编制对工程造价控制的重要性

招标文件是工程项目招投标过程中的重要文件,它明确了工程范围、工期要求、质量标准等内容,为投标单位提供了清晰的报价依据。因此,招标文件的编制质量直接影响着投标单位的报价准确性和合理性,进而关系着工程造价的控制。在编制招标文件时,应充分考虑工程项目的实际情况和市场需求,合理确定工程范围、工期要求和质量标准等关键要素。同时,还需对合同条款进行明确和细化,以减少后期合同履行过程中的纠纷和变更,从而避免因此带来的造价风险。

（二）工程量清单编制的准确性对工程造价的影响

工程量清单是投标报价的基础,它详细列出了工程项目中各项工作的数量、特征和要求等信息。因此,工程量清单的编制准确性和完整性对于投标单位的报价和工程造价控制具有至关重要的作用。在编制工程量清单时,应遵循相关规范和标准,确保清单项目的设置合理、计量单位统一、工程量计算准确。同时,还需对清单项目进行详细的描述和说明,以便投标单位准确理解清单内容并做出合理的报价。此外,对于可能出现变更或调整的项目,应在清单中予以注明,以避免因此造成的造价风险。

（三）评标办法制定与工程造价控制的关联

评标办法是工程项目招投标过程中的重要环节,它决定了投标单位的选择和工程项目的造价水平。因此,制定科学、合理的评标办法对于工程造价控制具有重要意义。在制定评标办法时,应注重报价的合理性、技术方案的可行性等因素的综合考虑。对于报价部分,应设定合理的评标基准价和价格分值计算方法,以体现投标单位报价的竞争性和合理性;对于技术方案部分,应注重技术方案的可行性、先进性和经济性等方面的评估,以选择性价比最高的投标单位。此外,在评标过程中还应加强对投标单位的资格审查和信誉评价等环节,以确保选择到具有良好履约能力和信誉的投标单位。这样不仅可以保证工程项目的顺利实施和质量安全,还可以在一定程度上降低工程造价风险。

第四章　不同阶段的工程造价

第一节　投资决策阶段的工程造价

一、投资决策阶段工程造价的重要性

(一)经济效益评估的基础

1. 工程造价与经济效益评估的紧密关系

工程造价作为项目经济效益评估的基础,其准确性和全面性对于评估结果的科学性和可靠性具有至关重要的作用。在投资决策阶段,投资者需要对项目的经济效益进行全面评估,以确定项目的可行性和投资回报。而工程造价作为项目成本的重要组成部分,直接决定了项目的投资规模和资金需求。通过准确估算项目的建设成本,投资者可以了解项目在不同建设方案下的成本差异,为选择最优方案提供依据。同时,建设成本的估算还可以帮助投资者制定合理的资金筹措计划,确保项目的顺利进行。在运营成本和维护费用的估算方面,投资者需要考虑项目在运营期间所需支付的各项费用,包括人员工资、材料费、能源费、维修费等。这些费用的准确估算有助于投资者对项目的长期运营成本和盈利能力进行科学预测。

2. 工程造价对经济效益评估的深远影响

工程造价不仅直接影响项目的经济效益评估,还对项目的整个生命周期产生深远影响。首先,在建设阶段,工程造价的准确性和合理性直接关系着项目的建设质量和进度。如果工程造价估算过低,可能导致项目在建设过程中资金短缺,影响项目的顺利进行;而估算过高则可能造成资金浪费,降低项目的投资效益。其次,在运营阶段,工程造价对项目的经济效益和长期发展具有重要影响。运营成本和维护费用的高低直接影响项目的盈利能力和市场竞争力。如果运营成本过高,可能导致项目在运营初期就面临亏损的风险;而维护费用的不足则可能影响项目的长期稳定运行,降低项目的使用寿命和价值。因此,在投资决策阶段,投资者必须高度重视工程造价的估算和控制工作。通过加强前期调研、优化设计方案、提高估算人员素质等措施,提高工程造价估算的准确性;同时,加强资金管理、引入风险管理机制、强化过程控制等手段,确保项目的顺利进行和投资效益的实现。

(二)资金筹措的依据

1. 工程造价估算与资金筹措计划的紧密联系

在投资决策阶段,工程造价的估算结果对于投资者来说具有至关重要的意义。它不仅直接反映了项目所需资金的规模,还为投资者制订资金筹措计划提供了重要依据。资金筹措计划的制定必须充分考虑工程造价的估算结果,确保所筹集的资金能够满足项目建设和运营的需求。根据工程造价的估算结果,投资者可以明确项目所需的总投资额和各阶段的资金需求。这有助于投资者合理规划自有资金的使用,并确定需要从外部筹集的资金规模。

自有资金是投资者在项目中最直接、最灵活的资金来源,但往往不足以覆盖整个项目的资金需求。因此,投资者还需要考虑其他资金来源,如银行贷款和外部投资等。银行贷款是项目资金筹措中常见的融资方式之一。通过与银行建立合作关系,投资者可以获得较低成本的资金支持,缓解项目资金压力。然而,银行贷款的获得通常需要投资者提供充分的担保和还款能力证明,因此投资者需要在制订资金筹措计划时充分考虑自身的财务状况和偿债能力。外部投资则是另一种重要的资金来源。通过引入战略投资者或合作伙伴,投资者不仅可以获得资金支持,还可以借助其行业经验、市场资源等优势,提升项目的整体竞争力和盈利能力。然而,外部投资的引入也可能带来一定的风险和挑战,如股权稀释、管理权争夺等。因此,投资者在制订资金筹措计划时需要权衡利弊,谨慎选择合作伙伴。

2. 资金筹措计划对项目顺利进行的重要性

资金筹措计划的制订对于项目的顺利进行具有决定性的影响。一个合理、可行的资金筹措计划可以确保项目在建设和运营过程中不会因为资金短缺而陷入困境。相反,如果资金筹措计划制定不当或执行不力,可能会导致项目进度延误、质量下降甚至失败。在项目建设阶段,资金筹措计划的执行对于保证工程进度和质量至关重要。如果资金筹集不足或到位不及时,可能会导致工程材料供应中断、施工队伍停工等问题,严重影响工程进度和质量。而一个完善的资金筹措计划可以确保项目在建设过程中有稳定的资金流支持,保障工程的顺利进行。在项目运营阶段,资金筹措计划的合理性和可持续性对于项目的长期发展具有重要意义。如果项目在运营初期就因为资金问题而陷入困境,可能会导致项目无法正常运转或被迫提前终止。而一个合理的资金筹措计划可以确保项目在运营过程中有稳定的现金流支持,为项目的长期发展奠定坚实基础。

(三)风险控制的关键

1. 工程造价估算与风险识别的紧密关联

在投资决策阶段,工程造价的估算和分析是投资者识别项目潜在风险因素的重要手段。通过对工程造价的深入研究和细致估算,投资者可以揭示出项目中可能隐藏的成本超支、建设周期延长等风险,为制定针对性的风险控制措施提供有力支持。成本超支是项目建设中常见的风险之一。投资者在估算工程造价时,需要充分考虑各种可能的成本变动因素,如原材料价格波动、劳动力成本上涨等。通过对这些因素的科学分析和合理预测,投资者可以及时发现潜在的成本超支风险,并采取相应的措施进行防范和控制。例如,投资者可以在合同中明确约定原材料价格的上限,或者与供应商签订长期合作协议以锁定成本。建设周期延长是另一个重要的风险因素。工程造价的估算不仅包括建设成本,还涉及时间成本。如果项目建设周期过长,不仅会增加投资者的资金压力,还可能使项目面临市场变化、技术更新等外部风险。因此,投资者在估算工程造价时,需要充分考虑项目的建设周期和进度安排。通过制订合理的施工计划和进度控制措施,投资者可以最大限度地减少建设周期延长的风险。例如,投资者可以采用模块化施工、并行作业等先进的建设管理方法,提高施工效率,缩短建设周期。

2. 风险控制措施对项目成功的重要性

识别项目潜在的风险因素后,投资者需要采取相应的风险控制措施以降低项目的投资风险。这些措施包括制订详细的风险管理计划、建立风险预警机制、进行风险分散和转移等。通过这些措施的有效实施,投资者可以最大限度地减少风险对项目的影响,确保项目的顺利进行。制订详细的风险管理计划是风险控制的基础。投资者需要明确项目的风险承受能力和风险偏好,确定风险管理的目标和原则。在此基础上,投资者可以制定针对性的风险管理措施,明确各项措施的实施时间、责任人和所需资源等。这有助于确保风险控制工作的有序进行。建立风险预警机制是及时发现和处理风险的重要手段。投资者需要设定关键风险指标和阈值,建立定期的风险评估和报告制度。当实际风险指标接近或超过阈值时,预警机制应能够及时发出警报,促使投资者迅速采取行动以应对风险。进行风险分散和转移是降低项目投资风险的有效方法。投资者可以通过多元化投资、引入合作伙伴等方式分散项目的风险。同时,投资者还可以利用保险、担保等金融工具转移部分风险给第三方承担。这有助于减轻投资者自身的风险负担,提高项目的抗风险能力。

二、投资决策阶段工程造价的构成

(一)建设成本

1. 建设成本的构成及其重要性

建设成本作为项目投资的重要组成部分,其构成十分复杂且多样。首先,土地费用是建设成本中的重要一环,它涉及土地使用权的获取以及相关的土地开发费用。土地费用的高低直接影响了项目的总体投资规模和经济效益。其次,建筑安装工程费是建设成本中的主体部分,它包括建筑物和构筑物的施工费用、安装工程的费用等。这部分费用的投入直接决定了项目的建设质量和使用功能。除此之外,设备购置费也是建设成本中不可忽视的一部分。根据项目需求,投资者需要购置各种生产设备、辅助设备以及办公设备等,这些设备的购置费用同样会占据项目总投资的一定比例。设备的质量和性能不仅关系着项目的正常运营,还对项目的生产效率和经济效益产生深远影响。最后,工程建设其他费用是建设成本中的补充部分,它包括项目管理费、设计计费、监理费、检测费等各种间接费用。这些费用虽然不直接参与项目的建设过程,但对于保证项目的顺利进行和质量控制具有重要作用。

2. 建设成本对项目的影响及其控制

建设成本的高低直接决定了项目的建设规模和质量标准。过高的建设成本可能导致项目投资超出预算,增加投资者的经济压力;而过低的建设成本则可能牺牲项目的质量和功能,影响项目的长期使用价值。因此,合理控制建设成本是确保项目成功实施的关键。为了有效控制建设成本,投资者需要在项目筹建阶段就进行充分的市场调研和成本预测。通过了解市场行情、掌握原材料价格波动情况、分析同类项目的成本构成等方式,为制定科学合理的建设成本预算提供依据。同时,投资者还需要加强项目管理,优化设计方案,提高施工效率,降低浪费和损耗,从而实现建设成本的有效控制。在项目实施过程中,投资者还需要建立动态的成本监控机制,及时发现并解决成本超支的问题。通过与承包商、供应商等合作伙伴的紧密沟通和协作,确保项目的建设成本始终控制在预算范围内。此外,投资者还可以引入专业的造价咨询机构或成本审计机构,对项目的建设成本进行定期评估和审查,以确保成本控制的科学性和有效性。

(二)运营成本

1. 运营成本的构成及其对项目的影响

运营成本主要由人员工资、材料费、维修费和管理费等组成。首先,人员工资是运营成本中的重要组成部分,它涉及项目运营所需的各类人员的薪酬支出,包括管理人员、技术人员、生产人员等。人员工资的水平直接反映了项目的劳动力成本,对项目的经济效益产生直接影响。其次,材料费是项目运营过程中不可避免的支出,它包括原材料、辅助材料、零部件等的采购费用。材料费的高低与项目的生产规模和材料消耗量密切相关,对项目的成本控制和盈利能力具有重要影响。此外,维修费是保障项目设施和设备正常运行所必需的支出。随着项目运营时间的延长,设施和设备难免会出现磨损和故障,需要定期进行维护和修理。维修费的高低取决于设施和设备的维护状况和使用寿命,对项目的长期稳定发展具有重要意义。最后,管理费是项目运营过程中用于组织和管理生产活动的费用,包括管理人员的薪酬、办公费用、差旅费用等。管理费是保障项目高效运营和良好治理的基础,对提升项目的整体运营水平和竞争力具有重要作用。运营成本的高低直接决定了项目的经济效益和长期发展。过高的运营成本会压缩项目的利润空间,降低项目的盈利能力;而过低的运营成本则可能导致项目在运营过程中出现质量问题或安全隐患,影响项目的声誉和长期发展。因此,合理控制运营成本是确保项目成功运营的关键。

2. 运营成本的控制策略及其重要性

为了有效控制运营成本,项目管理者需要采取一系列策略和方法。首先,优化人员配置是提高劳动生产率和降低人员工资支出的有效途径。通过合理安排工作岗位、提高员工技能水平、实施绩效考核等措施,可以激发员工的工作积极性,提高工作效率,从而降低单位产品的人员成本。其次,精细化管理是降低材料费和维修费的重要手段。通过建立严格的材料采购和管理制度、优化库存结构、实施预防性维护等措施,可以减少材料的浪费和损耗,延长设施和设备的使用寿命,从而降低材料费和维修费的支出。此外,推广信息化管理是降低管理费的有效途径。借助先进的信息技术和管理软件,可以实现项目管理的自动化和智能化,提高工作效率和管理水平,降低管理人员的数量和办公费用等支出。同时,信息化管理还有助于加强项目内部的沟通和协作,提高决策效率和响应速度,为项目的长期发展奠定坚实基础。

(三)预备费和不可预见费

1. 预备费的作用及其在项目中的重要性

预备费,顾名思义,是为了预防项目在建设过程中出现意外情况而提前准备的资金。这些意外情况可能包括自然灾害、政策变动、市场波动等不可抗力因素,也可能涉及设计变更、施工难度增加等工程内部问题。预备费的存在,相当于为项目建设上了一道"保险",当这些意外情况发生时,项目管理者可以迅速调动预备费来应对,从而避免项目因资金短缺而陷入困境。预备费的设置并非随意而为,而是需要根据项目的实际情况和可能面临的风险进行科学合理的估算。如果预备费设置过高,会导致项目总投资增加,降低项目的经济效益;如果预备费设置过低,则可能无法覆盖实际发生的意外费用,使项目陷入被动。因此,项目管理者需要在前期对项目的风险进行充分评估,并据此确定合理的预备费比例。

2. 不可预见费的含义及其在项目管理中的应用

不可预见费则是针对项目建设过程中可能出现的不确定因素而设置的费用。这些不确定因素与预备费所应对的意外情况有所不同,它们往往更加难以预料和掌控,如突然爆发的疫情、未曾预料的技术难题等。不可预见费的存在,为项目管理者提供了一定的资金缓冲空间,以应对这些不确定因素带来的挑战。与预备费相似,不可预见费的设置也需要根据项目的实际情况进行估算。但不同的是,不可预见费所应对的不确定因素更加难以预测,因此其估算过程往往更加复杂和困难。项目管理者需要充分利用历史数据、专家意见等多种信息来源,对不可预见费进行科学合理的估算。在项目管理中,不可预见费的应用需要遵循一定的原则。首先,不可预见费的使用应该经过严格的审批程序,确保其用于真正需要的地方;其次,项目管理者需要定期对不可预见费的使用情况进行审查和监督,防止其被滥用或挪用;最后,当项目建设过程中出现不确定因素时,项目管理者需要及时调动不可预见费来应对,确保项目的顺利进行。

第二节　设计阶段的工程造价

一、设计阶段工程造价控制的重要性

(一)影响投资决策

一个科学、合理的设计方案不仅能够确保项目的顺利进行,更是投资者进行决策的重要依据。在设计阶段,通过对项目的深入分析和研究,可以准确估算出项目的建设成本,包括材料费用、人工费用、机械设备费用等各项开支。这些详细的成本估算数据为投资者提供了可靠的参考,使他们能够清楚地了解项目的投资需求和预期回报。投资者在决策过程中,需要综合考虑项目的市场前景、技术可行性、经济效益等多个因素。而设计阶段的成本估算结果,直接关系到项目的经济效益和投资回报。如果设计方案的成本估算过高,可能会导致投资者望而却步,错失良机;如果成本估算过低,则可能在后期施工过程中出现资金短缺,影响项目的顺利进行。因此,一个准确、可靠的设计阶段成本估算对于避免盲目投资带来的经济损失具有重要意义。它能够帮助投资者在决策过程中做出明智的选择,确保投资资金的有效利用和项目的成功实施。同时,设计阶段还可以通过对不同方案的比较和分析,为投资者提供更多选择空间,进一步优化投资决策,实现投资效益的最大化。

(二)优化设计方案

在这一阶段,设计师们会提出多个可能的设计方案,并通过深入的比较和分析,从中选择出既技术可行又经济合理的最优方案。这一过程远非简单地挑选一个看起来不错的方案,而是需要综合考虑多种因素,包括技术的成熟度、施工难度、材料成本、后期维护费用以及项目整体的功能性和美观性等。通过对不同设计方案的全面评估,我们可以确保最终选定的方案不仅在技术上能够实现项目的要求,在经济上也是最为合理的。这样的优化选择不仅有助于显著降低项目的建设成本,避免了浪费,还能够在保证项目质量的前提下,提高项目的整体效益。这种效益的提升可能体现在更高效的能源利用、更优化的空间布局、更舒适的使用体验等多个方面。

(三)控制建设周期

控制建设周期在工程项目管理中占据着举足轻重的地位,而设计阶段则是决定这一周期长短的关键因素。一个合理且高效的设计方案,能够确保项目从开工到竣工的整个过程有条不紊地进行,从而显著缩短建设周期。这不仅有助于加快项目的进度,更重要的是,还能够大幅减少资金的占用时间和财务成本的累积。在设计阶段,通过精心规划和优化设计方案,可以避免施工过程中的重复劳动和无效投入,提高施工效率。例如,合理的结构设计和材料选择可以减少施工难度和工程量,进而缩短施工时间。同时,对设计方案进行充分的预研和论证,也可以提前发现并解决潜在的问题,避免在施工过程中出现返工或延误的情况。此外,设计阶段还可以通过引入先进的技术和管理手段来进一步缩短建设周期。例如,采用 BIM(建筑信息模型)技术进行设计,可以实现各专业之间的协同设计和信息共享,提高设计效率和质量。同时,通过合理的施工组织和资源调配,也可以确保施工过程的连续性和均衡性,从而加快施工进度。

二、设计阶段工程造价控制的原则

(一)限额设计原则

限额设计原则在工程项目的设计阶段中占据着重要的地位。这一原则要求在设计阶段就根据项目的投资规模和功能需求,明确并设定合理的造价限额。这一限额不仅是对项目成本的约束,更是对设计人员优化设计方案、实现经济合理性的引导。在设计过程中,设计人员需要紧密围绕项目的功能需求展开工作,确保所设计的方案能够满足使用要求。然而,满足功能需求并不意味着可以无限制地增加成本。相反,在限额设计原则的指导下,设计人员需要在满足功能需求的前提下,尽可能地优化设计方案,寻求经济合理的解决方案。这种优化可能涉及多个方面,如结构形式的简化、材料选择的替换、施工方法的改进等。通过这些优化措施,设计人员可以有效地控制项目的造价,确保其在设定的限额范围内。这不仅有助于实现项目的经济效益,还可以提高投资资金的利用效率,为项目的顺利实施和后续运营奠定良好的基础。

(二)价值工程原则

价值工程原则是一种重要的管理技术,其核心目标在于提高产品的价值。在工程项目的设计阶段,这一原则的应用尤为关键。通过运用价值工程原理,我们可以对设计方案进行深入的功能分析和成本分析,从而寻求到功能与成本之间的最佳平衡点。功能分析旨在明确项目的各项功能需求,确保设计方案能够满足这些需求。这包括对项目的使用功能、性能要求、安全标准等方面进行细致的研究和评估。通过功能分析,我们可以确定哪些功能是必需的,哪些是可选的,以及哪些功能可能存在过剩或不足的问题。成本分析则是对实现这些功能所需成本进行估算和比较的过程。这包括材料成本、人工成本、设备成本以及间接费用等各个方面的考虑。通过成本分析,我们可以了解到不同设计方案在成本上的差异,以及造成这些差异的原因。将功能分析和成本分析相结合,我们可以找到那些既满足功能需求又具有较低成本的设计方案。这样的方案既保证了项目的使用价值,又实现了项目价值的最大化。在这个过程中,可能需要对原始设计方案进行调整或优化,以达到功能与成本的平衡。

(三)标准化设计原则

标准化设计原则在工程项目的设计阶段中扮演着举足轻重的角色。它强调的是通过采用通用的、已经过验证的设计方案和构件,来降低设计的复杂性和成本,同时提高设计的效率和质量。这种设计方法不仅有助于减少设计过程中的重复劳动和无效投入,更能够显著缩短项目的建设周期。在设计阶段,标准化设计的运用意味着尽量采用行业内公认的、标准化的设计方案和构件。这些方案和构件往往已经过多次实践检验,具有较高的可靠性和稳定性,能够极大降低设计风险。同时,由于这些方案和构件的通用性,它们可以在多个项目中重复使用,从而避免了为每个项目都从零开始设计的烦琐过程。减少非标设计和定制构件的使用也是标准化设计原则的重要组成部分。非标设计和定制构件虽然能够满足项目的特定需求,但它们往往需要更多的设计时间和成本,同时也可能增加施工难度和周期。相比之下,标准化设计方案和构件的采用,可以在保证项目功能需求的前提下,实现成本的降低和效率的提升。

第三节 招投标与合同阶段的工程造价

一、招投标阶段对工程造价的影响

(一)招标文件编制

1. 明确工程范围、技术要求、质量标准和工期等关键信息

招标文件应明确界定工程范围,包括项目的具体建设内容、规模、地点等,确保投标单位能够准确理解项目的建设需求和目标。这有助于避免投标单位在报价过程中出现漏项或误解,从而保证报价的准确性和合理性。技术要求是招标文件中不可或缺的部分。它详细描述了项目所需的技术标准、设备性能、材料规格等,为投标单位提供了明确的技术指导和依据。技术要求的准确性和完整性对于投标单位选择合适的施工方案、材料和设备至关重要,直接影响着工程造价的确定和控制。此外,质量标准也是招标文件中的重要内容之一。它规定了项目应达到的质量水平和验收标准,为投标单位提供了明确的质量目标和要求。质量标准的明确有助于提高项目的建设质量和使用价值,也为投标单位在报价过程中考虑质量成本提供了依据。工期安排是招标文件中必须明确的另一个关键信息。它规定了项目的开工时间、竣工时间以及关键节点的完成时间等,为投标单位提供了明确的时间约束和计划安排。工期的合理性对于项目的顺利实施和工程造价的控制具有重要意义。过长的工期可能导致人工、材料等成本的增加,而过短的工期则可能带来施工质量和安全的风险。

2. 提供详细的工程量清单和计价依据

工程量清单是招标文件中用于描述项目所需各项材料、设备、人工等数量的清单。它详细列出了每个分项工程的名称、单位、数量等信息，为投标单位提供了准确的报价依据。在编制工程量清单时，应确保清单的全面性和准确性，避免出现漏项、重复或错误的情况。同时，还应根据项目的实际情况和市场需求进行动态调整，确保清单的时效性和适用性。计价依据是投标单位进行报价时所需参考的价格信息和费用标准。它包括人工费、材料费、机械使用费、管理费、利润等各项费用的计算方法和取费标准。在招标文件中提供详细的计价依据，有助于投标单位准确估算各项费用，从而避免报价过高或过低的情况。同时，也为投标单位之间的公平竞争提供了有力的保障。为了确保计价依据的准确性和合理性，编制人员应充分了解市场行情和行业动态，及时更新价格信息和费用标准。此外，还应加强与投标单位的沟通交流，及时解答投标单位在报价过程中遇到的问题和疑虑，确保报价的准确性和合理性。

（二）投标报价评审

1. 投标报价的详细分析和比较

在投标报价评审中，对投标单位的报价进行详细的分析和比较是至关重要的。这包括对单价、总价以及费用构成的全面审查。单价的分析可以揭示投标单位对于各项工程内容的成本估算是否合理，是否存在过高或过低的情况。总价的比较则可以帮助评审团判断投标单位的整体报价水平是否与市场行情相符，是否具有竞争力。费用构成的审查则是为了确保投标单位的报价中包含了所有必要的费用项目,没有遗漏或重复计算的情况。这包括直接费、间接费、利润和税金等各项费用的详细分析和比较。通过费用构成的审查,评审团可以更加准确地了解投标单位的成本结构和利润空间,从而为后续的谈判和合同签订提供有力的依据。在进行投标报价的分析和比较时,评审团还需要注意投标单位是否采用了合理的计价方法和依据。这包括定额计价、清单计价等不同的计价方式以及市场价格、行业指导价等不同的计价依据。通过审查投标单位的计价方法和依据,评审团可以判断其报价的合理性和可靠性,避免选择那些采用不合理计价方法或依据的投标单位。

2. 技术实力、管理水平与信誉的综合评估

除了对投标单位的报价进行详细的分析和比较,投标报价评审还需要结合投标单位的技术实力、管理水平和信誉等因素进行综合评估。这是因为一个优秀的中标单位不仅需要在价格上具有竞争力,还需要在技术、管理和信誉等方面达到一定的要求。技术实力是评估投标单位是否具备完成项目建设任务所需的技术能力和经验。这包括投标单位的技术人员配备、技术装备水平、类似项目经验等方面。通过评估投标单位的技术实力,评审团可以判断其是否具备完成项目建设所需的技术能力和经验,从而确保项目的顺利进行和最终的成功实现。管理水平则是评估投标单位在项目管理和实施方面的能力。这包括投标单位的项目管理体系、质量管理措施、安全管理措施等方面。通过评估投标单位的管理水平,评审团可以判断其是否具备高效、有序地组织项目实施的能力,从而确保项目的进度和质量得到有效控制。信誉则是评估投标单位在业界的声誉和信誉度。这包括投标单位的履约记录、客户满意度、行业评价等方面。通过评估投标单位的信誉,评审团可以判断其是否具有良好的商业道德和诚信度,从而确保在合同履行过程中能够遵守合同约定并履行相关义务。

(三)合同条款约定

1. 明确双方的权利和义务、工程范围、质量要求、工期安排

合同条款中应明确界定双方的权利和义务。这包括业主应提供的条件、支付款项的时间和方式等,以及承包商需完成的工程内容、质量标准、交付时间等。权利和义务的明确有助于避免合作过程中的推诿和扯皮,确保双方各自承担应有的责任,共同推进项目的顺利进行。工程范围是合同条款中的核心内容之一。它详细描述了项目的建设内容、规模、地点等具体信息,为承包商提供了明确的工作指导和依据。工程范围的明确有助于避免工作过程中的遗漏或超出范围的情况,从而确保项目的完整性和一致性。此外,质量要求和工期安排也是合同条款中不可或缺的部分。这两者的明确对于项目的顺利实施和按时交付具有重要意义。

2. 价款支付方式及变更、索赔等处理办法

价款支付方式是合同条款中的关键内容之一。它规定了业主向承包商支付工程款项的方式、时间、比例等具体细节。合理的价款支付方式能够确保承包商及时获得应有的报酬,维持项目的正常运转。同时,也能激励承包商提高工作效率,保证项目的质量和进度。因此,在拟定价款支付方式时,应充分考虑项目的实际情况和双方的实际需求,确保支付方式的合理性和可行性。除了价款支付方式,合同条款还应针对可能出现的变更、索赔等情况制定相应的处理办法。工程变更是指在项目实施过程中,由于各种原因

导致原设计或合同约定的内容需要进行修改或调整的情况。索赔则是指由于业主或承包商的原因导致对方遭受损失时,向对方提出的经济补偿要求。针对这些情况,合同条款中应明确变更、索赔的程序、依据和范围等关键信息。例如,变更申请应由谁提出、如何审批、实施过程中的费用调整原则等;索赔的依据、时限、处理程序以及争议解决方式等。这些内容的明确有助于双方在遇到问题时能够迅速找到解决办法,避免争议扩大化,确保项目的顺利进行。

二、合同阶段对工程造价的影响

(一)合同类型选择

1. 不同合同类型的特点及其对工程造价的影响

总价合同,顾名思义,是指在合同中确定一个固定的总价格,承包商需按此价格完成全部工程内容。这种合同类型下,工程造价的风险主要由承包商承担,因为除非另有约定,否则即便遇到不可预见的情况导致成本增加,承包商也无权要求额外补偿。总价合同适用于工程量明确、设计完善、变更可能性较小的项目,其优点在于业主能够提前锁定成本,便于预算控制和资金管理;缺点则在于对承包商而言风险较高,且可能抑制其在施工过程中的创新积极性。单价合同则是根据工程量清单中的单价来确定工程造价。在这种合同类型下,业主承担工程量变化的风险,而承包商则承担单价变化的风险。单价合同适用于工程量难以准确预计但单价相对稳定的项目。其优点在于能够适应工程量的变化,保证造价的合理性;缺点则在于双方需要对工程量的计量和确认进行密切合作,管理成本相对较高。成本加酬金合同则是一种更为灵活的合同类型,它根据承包商的实际成本加上一定比例的酬金来确定工程造价。在这种合同类型下,业主承担大部分风险,因为无论成本如何变化,承包商都能获得一定的利润。成本加酬金合同适用于新型、复杂或风险较大的项目,其优点在于能够激励承包商积极采用新技术、新方法降低成本;缺点则在于业主难以对承包商的成本进行有效控制,可能存在成本超支的风险。

2. 如何根据工程项目特点和实际情况选择合同类型

在选择合同类型时,首先需要对工程项目的特点和实际情况进行全面分析。这包括项目的规模、工期、技术难度、设计变更的可能性以及市场条件等因素。例如,对于规模较小、工期较短、技术难度较低且设计变更可能性较小的项目,可以考虑采用总价合同以锁定成本;而对于规模较大、工期较长、技术难度较高或设计变更可能性较大的项目,则可能需要考虑采用单价合同或成本加酬金合同以适应变化。此外,在选择合同类型时还需要考虑业主和承包商的风险承受能力。对于风险承受能力较强的业主和承包商,可以考虑采用风险较高的合同类型以获取更高的潜在收益;而对于风险承受能力较弱的业主和承包商,则应选择风险较低的合同类型以确保项目的顺利进行。

(二)工程变更管理

1. 明确工程变更的处理程序和办法

合同阶段作为项目管理的起点,对于工程变更的处理具有至关重要的作用。在这一阶段,业主和承包商应协商,明确工程变更的处理程序和办法,为后续的项目实施奠定坚实的基础。变更申请是工程变更处理的第一步。任何一方提出变更申请时,都应提供详细的变更内容、理由和预期影响等信息,以便对方全面了解和评估变更的必要性。同时,双方还应就变更申请进行充分沟通,确保信息准确无误地传递。审批环节是确保工程变更合理性和合法性的关键。业主和承包商应共同组建变更审批小组,对变更申请进行审查。审批过程中,应重点关注变更对工程造价的影响,以及是否有更优的替代方案等。只有在确保变更合理且必要的情况下,才能予以批准。实施环节是工程变更具体落地的过程。在实施过程中,双方应密切配合,确保变更内容按照批准的方案顺利实施。同时,还应对实施过程进行监督和检查,及时发现并纠正可能出现的问题,确保项目的顺利进行。价款调整是工程变更处理中不可忽视的一环。根据合同约定和变更实际情况,双方应对工程造价进行相应调整。调整过程中应遵循公平、公正、合理的原则,确保双方的利益得到保障。

2. 加强与设计、施工等单位的沟通协调

除了明确工程变更的处理程序和办法,加强与设计、施工等单位的沟通协调也是减少不必要工程变更、避免工程造价增加的关键措施。设计阶段作为项目的源头,对于减少工程变更具有至关重要的作用。业主应与设计单位保持密切沟通,确保设计方案符合项目需求和现场条件。同时,还应鼓励设计单位采用先进技术进行优化设计,提高设计质量和深度,从根本上减少变更的可能性。施工阶段是工程变更最为集中的阶段。业主、设计单位和施工单位应建立定期沟通机制,及时了解和解决施工过程中遇到的问题。对于确实需要变更的内容,应协商确定最优方案,确保变更的必要性和合理性。此外,加强各单位之间的信息共享也是减少工程变更的有效手段。通过建立信息化平台或定期召开信息共享会议等方式,各单位可以及时了解项目的最新进展和变更情况,避免信息孤岛和重复工作导致的无效变更。

(三) 索赔管理

1. 明确索赔的程序、依据和范围

在合同阶段,双方应就索赔的相关条款进行深入讨论和明确约定。这包括索赔的程序、依据以及范围等关键信息,以确保在索赔事件发生时,双方能够迅速找到解决的路径,减少不必要的争议和损失。索赔的程序是处理索赔问题的第一步。合同中应明确规定,当一方认为有权提出索赔时,应按照怎样的流程进行操作。这通常包括索赔通知的发出、索赔资料的提交、索赔谈判的开展以及索赔决定的作出等环节。明确的程序设置有助于双方有序、高效地处理索赔事宜,避免因为程序不清而导致的拖延和误解。索赔的依据是判断索赔是否成立的重要标准。合同中应详细列出可以作为索赔依据的情况和条件,如设计变更、业主违约、不可抗力等。同时,还应明确索赔所需的证明材料和证据标准,以确保索赔的提出有充分的事实和法律依据。索赔的范围则关系到索赔金额的计算和确定。合同中应对可索赔的费用类型、计算方法和限制条件等进行明确规定。例如,可以约定哪些费用是可以索赔的,如人工费、材料费、机械使用费等;哪些费用是不可以索赔的,如间接费、利润等。这样的约定有助于双方在索赔金额上达成一致,减少因范围不清而导致的争议。

2. 加强合同履行过程中的监督管理

除了明确索赔的相关条款,加强合同履行过程中的监督管理

也是预防和处理索赔问题的重要手段。通过有效的监督和管理，可以及时发现和解决潜在的问题，从而降低索赔事件发生的概率。业主和承包商应各自建立完善的项目管理体系，确保合同的履行过程处于受控状态。这包括制订详细的项目计划、建立严格的进度和质量控制机制、实施定期的检查和评估等。通过这些措施，可以及时发现项目执行中的偏差和问题，并采取相应的纠正措施，避免问题扩大化导致索赔事件的发生。双方应建立畅通的沟通渠道，保持密切的合作与联系。在项目执行过程中，业主和承包商应定期召开会议，就项目进展、存在的问题以及潜在的索赔风险进行交流和讨论。通过及时的沟通和协商，可以共同制定应对策略，减少误解和分歧，从而避免不必要的索赔事件发生。对于已经发生的索赔事件，双方应本着公平、公正、合理的原则进行处理。在处理过程中，应严格遵守合同约定的索赔程序、依据和范围等条款，确保双方的权益得到保障。同时，还应注重证据的收集和保存，以便在必要时为索赔提供有力的支持。

第四节　施工与竣工阶段的工程造价

一、施工阶段的工程造价控制

（一）施工准备阶段的造价控制

1. 制订详细的施工计划和预算

施工计划是项目管理的核心，它涵盖了从项目开工到竣工的全过程，包括各项工作的顺序、时间安排、资源配置等关键要素。

在制订施工计划时,必须紧密结合设计图纸和工程量清单,因为这两份文件是施工的基础和依据。设计图纸反映了设计师的意图和项目的技术要求,而工程量清单则详细列出了项目所需的各种材料、设备及其数量。通过对这两份文件的深入研究,施工团队能够对项目有一个全面、准确的理解,从而为制订施工计划提供坚实的基础。同时,施工现场的实际情况也是制订施工计划时不可忽视的因素。每个项目都有其独特的现场条件,如地形地貌、气候条件、交通状况等,这些因素都会对施工产生直接影响。因此,在制订施工计划时,必须深入现场进行勘察,充分了解现场条件,并根据实际情况对施工计划进行调整和优化。例如,在地形复杂的山区进行施工时,可能需要增加土方开挖和支护的工作量;在气候条件恶劣的地区,可能需要考虑更多的安全防护措施和施工进度调整。预算是施工计划的重要组成部分,它反映了项目的经济成本和预期收益。在制定预算时,同样需要依据设计图纸和工程量清单,结合市场价格和施工团队的实际情况,对项目的各项费用进行详细的计算和分析。预算的编制过程应尽可能细致、全面,确保涵盖项目的所有直接成本和间接成本,如材料费、人工费、机械费、管理费、税费等。同时,还需要考虑一定的风险预备金,以应对施工过程中可能出现的意外情况。

2. 风险预测、评估与应对措施

施工过程中总是伴随着各种风险,这些风险可能来自技术、经济、社会等多个方面,如设计变更、材料价格波动、政策调整等。这些风险一旦发生,都可能对项目的进度和成本造成严重影响。因此,在施工准备阶段,必须对可能出现的风险进行充分的预测和评估。风险预测是一个系统性的过程,它要求项目团队对项目的各个环节进行深入分析,识别出潜在的风险点。这些风险点可能是技术难题、供应链不稳定、市场价格波动等。在识别出风险点后,还需要对它们的发生概率和影响程度进行评估,以确定风险的优先级和处理策略。针对评估结果中的高风险点,项目团队应制定相应的风险应对措施。这些措施可能包括技术方案的优化、供应链的调整、价格风险的对冲等。同时,还需要建立一套完善的风险监控机制,对施工过程中出现的风险进行实时跟踪和管理,确保项目的顺利进行。此外,值得一提的是,施工准备阶段的造价控制并不仅仅是一个静态的过程。随着项目的推进和市场环境的变化,施工计划和预算可能需要进行相应的调整和优化。因此,项目团队应保持高度的灵活性和敏感性,及时应对各种变化和挑战。

(二)施工过程中的造价控制

1. 严格控制材料、设备的采购和使用

材料和设备是施工过程中最主要的成本构成部分,其采购和使用的合理性直接关系着项目的成本控制。因此,严格控制材料、设备的采购和使用是施工过程中造价控制的首要任务。在采购环节,项目团队应坚持"质量第一、价格合理"的原则,通过市场调研和比较分析,选择性价比高的材料和设备。对于甲供材等重要材料,实行集中招标采购是一种有效的成本控制手段。通过公开、公平、公正的招标程序,可以吸引众多供应商参与竞争,从而降低采购成本。同时,集中招标采购还有利于保证材料的质量和供应的及时性,减少因材料问题导致的施工延误和成本增加。在使用环节,项目团队应建立严格的材料和设备管理制度,确保材料和设备的领用、使用、退库等环节都有明确的记录和审批程序。通过定期

盘点和核查,及时发现和解决材料和设备的浪费、损耗等问题。此外,还可以采用先进的材料和设备管理技术,如物联网技术、智能仓储系统等,提高材料和设备的管理效率和使用效益。

2. 加强施工现场管理,提高施工效率

施工现场是施工过程中成本控制的主战场。加强施工现场管理,提高施工效率是降低施工成本、减少浪费的有效途径。合理安排施工顺序和作业面是实现资源优化配置的关键。项目团队应根据施工图纸和现场实际情况,制定详细的施工方案和作业指导书,明确各项工作的先后顺序和搭接关系。通过合理划分施工段和作业面,实现各工种、各专业的有序配合和协同作业,避免窝工、返工等现象的发生。加强施工现场的协调和沟通也是提高施工效率的重要手段。项目团队应建立定期的施工协调会议制度,及时了解和解决施工过程中出现的问题和困难。通过加强与设计单位、监理单位、供应商等各方的沟通和协作,形成合力推进项目进展的良好氛围。此外,还可以采用先进的施工技术和设备来提高施工效率。例如,采用预制装配式建筑技术可以减少现场湿作业量和模板用量;采用自动化施工设备可以替代人工进行高强度、高危险性的作业等。这些先进技术和设备的应用不仅可以提高施工效率和质量水平,还可以降低劳动强度和安全风险。需要密切关注市场动态和政策变化对施工成本控制的影响。市场动态包括材料价格波动、设备租赁费用变化等;政策变化则可能涉及税收政策调整、环保要求提高等方面。这些变化都可能对项目成本产生重大影响。因此,项目团队应保持高度敏感性和灵活性,及时调整施工策略和成本计划以适应外部环境的变化。例如,在材料价格大幅上涨时,可以考虑采用替代材料或调整设计方案来降低成本;在税收政策调整时,可以及时调整税务筹划方案以减轻税负等。

(三) 变更与索赔管理

1. 及时办理变更手续,确保变更的合理性和合法性

工程变更是在施工过程中由于种种原因对原设计图纸、合同文件等进行修改、补充或取消的行为。这类变更可能涉及工程量的增减、施工方法的改变、材料设备的替换等,都会对工程造价产生直接影响。因此,及时办理变更手续,明确变更的原因、内容和责任,是确保变更合理性和合法性的关键。要明确变更的原因。工程变更可能源于设计方、业主方、施工方或不可抗力等多种因素。对于每一种变更原因,都需要有明确的记录和说明,以便在后续的索赔或结算过程中提供依据。例如,设计方提出的变更可能是因为原设计存在缺陷或需要优化;业主方提出的变更可能是因为使用功能或市场需求的变化;施工方提出的变更可能是因为现场条件的变化或施工技术的限制等。要详细记录变更的内容。变更内容应包括变更的具体项目、位置、尺寸、数量、单价等详细信息,以及变更后的施工图纸、技术文件等。这些信息是后续索赔和结算的重要依据,必须准确、完整、清晰。同时,还需要对变更内容进行合理的估价和定价,以确保工程造价的准确性和公平性。要明确变更的责任。根据合同条款和变更的实际情况,明确变更的责任方和承担方式。对于由于设计方或业主方原因造成的变更,应由相应方承担费用和风险;对于由于施工方原因造成的变更,应由施工方自行承担费用和风险。同时,还需要建立完善的变更审批流程和管理制度,确保变更手续的及时办理和审批。

2. 做好索赔资料的收集和整理工作，为后续的索赔谈判提供有力支持

索赔是在合同履行过程中，对于非己方原因造成的损失或额外费用，向对方提出经济补偿或时间补偿的行为。在施工过程中，由于设计变更、现场条件变化等原因导致的工程量增减和费用调整，都可能引发索赔事件。要建立完善的索赔资料收集制度。明确各类索赔事件所需提供的证明材料和文件清单，如现场照片、施工记录、会议纪要、往来函件等。这些材料是证明索赔事件真实性和合理性的重要依据，必须妥善保存并及时归档。同时，还需要建立索赔事件的登记和跟踪制度，确保每一项索赔事件都能得到及时处理和跟进。要对收集到的索赔资料进行详细的整理和分析。根据合同条款和实际情况，对索赔事件进行逐一梳理和分类，明确各项费用的计算依据和计算方法。同时，还需要对索赔事件进行因果分析，找出导致损失或额外费用的根本原因，以便在后续的索赔谈判中占据有利地位。要充分利用现代信息技术手段提高索赔管理的效率和质量。利用项目管理软件、电子文档管理系统等工具对索赔资料进行数字化处理和管理，提高资料的检索、查询和使用效率。同时，还可以利用大数据分析技术对历史索赔数据进行挖掘和分析，为未来的索赔管理提供经验和借鉴。

二、竣工阶段的工程造价控制

（一）竣工结算的编制与审核

1. 依据充分，详细计算各项费用

竣工结算的编制应依据充分、合理。首先，施工合同是竣工结

算的基础,其中明确了工程范围、工程价款、支付方式等关键条款,为竣工结算提供了基本的框架和依据。因此,在编制竣工结算时,必须严格遵守施工合同的约定,确保结算内容与合同条款保持一致。其次,设计图纸是反映工程项目实际情况的重要资料,它详细标注了工程的各项尺寸、规格、材质等信息,为工程量的计算提供了准确的数据支持。在编制竣工结算时,应根据设计图纸对各项工程量进行详细的计算,确保工程量的准确性和完整性。此外,变更签证是施工过程中对原设计图纸进行修改或补充的证明文件,它记录了工程变更的内容、原因、责任等关键信息。在编制竣工结算时,应将变更签证作为重要的依据之一,对变更部分的工程量进行单独计算,并明确变更部分的价款调整方式。在详细计算各项费用的过程中,应注重细节和准确性。一方面,要对各项费用进行全面的梳理和分类,确保不漏算、不错算;另一方面,要对各项费用的计算依据进行充分的核实和确认,确保计算结果的准确性和可靠性。例如,对于材料费用,应根据实际采购价格、运输费用、损耗率等因素进行详细的计算;对于人工费用,应根据实际工日数、工资标准、加班情况等因素进行合理的计算。

2. 严格审核结算结果,确保准确完整

竣工结算的审核是确保结算结果的准确性和完整性的重要环节。在审核过程中,应重点关注以下几个方面:①工程量的审核。工程量是竣工结算的核心内容之一,其准确性和完整性直接关系到结算结果的准确性。因此,在审核时应对工程量进行逐项核实和比对,确保与设计图纸、变更签证等资料保持一致。同时,还要注意检查是否存在重复计算、漏算等情况。②单价的审核。单价是计算工程价款的基础,其合理性和准确性对于保障双方权益具有重要意义。在审核时,应对各项单价进行仔细的核对和比较,确保符合市场行情和合同约定。对于特殊材料或设备的价格,还应进行市场询价或咨询专业机构,以确保价格的合理性和公正性。③费用的审核。费用是竣工结算中的重要组成部分,包括管理费、利润、税金等各项间接费用。在审核时,应对各项费用进行详细的审查和计算,确保符合合同约定和相关政策法规的规定。同时,还要注意检查是否存在虚报、冒领等情况。在审核过程中,还应注重与业主、承包商等相关方的沟通和协调。对于存在的问题和争议,应及时进行沟通协商,寻求合理的解决方案。同时,还要保持客观公正的态度,坚持原则,确保审核结果的准确性和公正性。此外,随着信息技术的发展和应用,竣工结算的编制与审核也可以借助专业的软件工具来提高效率和准确性。这些软件工具可以帮助我们快速处理大量的数据和信息,减少人为错误和漏洞的风险,提高工作质量和效率。

(二) 工程造价的分析与总结

1. 实际造价与预算造价的对比分析

在工程项目竣工后,首要任务是对实际造价与预算造价进行全面的对比分析。这一步骤的核心在于揭示造价偏差的具体情况,包括偏差的幅度、方向以及在不同工程部位和费用类别中的分布等。通过对比分析,我们可以清晰地了解到哪些部分的费用超出了预算,哪些部分又有所节省,从而为后续的分析和总结提供基础数据。造成实际造价与预算造价偏差的原因可能有很多,如设计变更、现场条件变化、材料价格波动、政策调整等。在分析偏差原因时,我们应结合项目的实际情况,逐一排查可能导致偏差的因素。例如,对于材料费用的偏差,我们可以从材料采购、运输、储存等环节入手,分析是否存在管理不善、浪费严重等问题;对于人工费用的偏差,我们可以从劳动生产率、工期安排等方面进行分析,找出影响人工费用的关键因素。在分析偏差原因的基础上,我们还需要进一步探讨这些原因对造价的影响程度。有些原因可能对造价产生显著影响,而有些原因则可能只是轻微影响。通过量化分析,我们可以更准确地把握各因素对造价的影响程度,从而为后续的造价控制提供更有针对性的建议。

2. 造价控制的经验与教训总结

在完成实际造价与预算造价的对比分析后,我们应着手总结造价控制的经验和教训。这一步骤的核心在于提炼出项目实施过程中成功的造价控制方法和策略,以及导致造价偏差的不足之处和需要改进的地方。在总结经验方面,我们可以从以下几个方面入手:首先,总结在材料设备采购、使用和管理过程中的有效做法,如集中招标采购、材料领用制度等;其次,总结在施工现场管理、提高施工效率方面的成功经验,如合理安排施工顺序、优化资源配置等;最后,总结在应对市场变化和政策调整方面的有效策略,如及时调整采购计划、合理利用合同条款等。在总结教训方面,我们应重点关注导致造价偏差的不足之处。这些不足之处可能包括对设计变更和现场条件变化的预见性不足、对材料价格波动和政策调整的敏感性不够,以及造价管理过程中的人为失误和制度漏洞等。针对这些不足之处,我们应深入剖析其产生的原因和背景,并提出具体的改进措施和建议。通过总结经验和教训,我们可以为后续类似项目的造价控制提供宝贵的借鉴和参考。在未来的项目实施过程中,我们可以根据已总结的经验和教训,制定更加科学合理的造价控制计划和策略,从而避免重蹈覆辙,提高项目的经济效益和社会效益。此外,为了更好地利用竣工阶段的造价分析和总结成果,我们还可以建立项目造价数据库和信息管理系统。通过将各个项目的造价数据和信息进行归类整理和分析挖掘,我们可以发现不同项目之间的共性和差异,提炼出更具普适性的造价控制方法和策略。同时,这些数据库和信息系统还可以为企业的决策层提供有关项目造价的实时数据和动态分析报告,为企业的战略决策和持续发展提供有力支持。

第五章　建筑工程质量管理与工程造价的关联

第一节　建筑工程质量对工程造价的影响

一、质量水平决定工程造价的基础

（一）高质量标准导致的高成本投入

当设计者根据建筑物的使用功能、安全要求和预期的高质量标准来确定设计方案时，他们必须考虑更多、更严格的参数和条件。这些高标准往往要求使用更优质、更耐用的建筑材料，以确保建筑物的结构安全和使用寿命。例如，高层建筑可能需要更高等级的钢筋和混凝土，以满足抗震、抗风等安全性能要求。此外，高标准的设计方案往往也需要采用更先进的施工技术和设备。这些技术和设备不仅能够提高施工效率、减少工期，还能够提升建筑物的整体质量和观感。然而，这些先进技术和设备的引入无疑会增加工程造价。例如，使用自动化和智能化的施工设备可能需要更高的购置成本和维护费用。除了建筑材料和施工技术的投入，高标准的设计方案还可能要求更严格的施工管理和质量控制措施。这些措施包括定期的质量检查、严格的材料验收标准以及专业的施工队伍等。这些都会增加工程项目的间接成本，但也是确保建筑物质量达标所必需的。

(二)低质量标准带来的潜在成本与风险

虽然降低设计的质量标准可能会在短期内降低工程造价,但这种做法往往会带来一系列潜在的成本和风险。首先,低质量的建筑材料和施工技术可能会导致建筑物在使用过程中出现各种质量问题,如开裂、渗水、脱落等。这些问题不仅影响建筑物的美观和使用功能,还可能对使用者的安全构成威胁。其次,低质量标准的设计方案往往需要更频繁的维修和改造。由于材料和施工技术的质量不过关,建筑物可能在使用不久后就出现各种损坏和老化现象。这将导致业主需要不断投入资金进行维修和改造,以保持建筑物的正常使用功能。长期来看,这些维修和改造费用可能会远远超过当初节省的工程造价。此外,低质量标准还可能引发安全隐患和法律风险。如果建筑物由于质量问题导致安全事故,如坍塌、火灾等,那么业主不仅要承担巨大的经济损失,还可能面临法律诉讼和赔偿责任。这将给业主带来沉重的财务负担和声誉损失。因此,从长期来看,低质量标准并不是一种可持续的工程造价控制策略。虽然它可能在短期内降低了成本投入,但带来了更高的潜在成本和风险。这些潜在成本和风险不仅可能抵消掉当初的成本节省,甚至可能导致整个工程项目的失败。

二、质量问题导致工程变更和索赔

(一)工程变更导致的额外成本

当建筑工程出现质量问题时,业主为确保建筑物的安全和使用功能,通常会要求承包商进行整改或返工。这种整改或返工实际上就是工程变更的一种形式。工程变更不仅涉及原有施工计划的调整,还可能导致额外的人工、材料和设备费用的增加。首先,整改和返工工作需要额外的人工投入。由于质量问题,原本的施工计划可能被打乱,需要增加工人数量或延长工作时间来完成整改工作。这将导致人工成本的增加,包括工资、加班费以及相关的社保费用等。其次,整改和返工还可能需要额外的材料和设备。由于质量问题可能导致部分已完成的工程被拆除或重建,这就需要重新采购相关的建筑材料和施工设备。这些额外的材料和设备费用会进一步增加工程造价。此外,工程变更还可能导致工程进度的延误。整改和返工工作通常需要一定的时间来完成,这可能导致原计划的施工进度被打乱。进度的延误不仅会增加管理成本,如现场管理人员的工资和办公费用等,还可能引发其他相关的财务成本,如贷款利息的增加、违约金的支付等。

(二) 索赔纠纷带来的不确定性和风险

除了工程变更导致的额外成本,质量问题还可能引发业主与承包商之间的索赔纠纷。当建筑工程出现质量问题时,业主可能会认为这是由于承包商的施工不当或材料设备不合格等原因造成的,因此要求承包商承担相应的赔偿责任。而承包商则可能会认为这是由于业主提供的设计方案不合理或施工条件不利等原因造成的,因此拒绝承担赔偿责任。这种索赔纠纷的产生不仅会增加工程造价的不确定性和风险,还可能对工程项目的顺利进行产生严重影响。首先,索赔纠纷的处理通常需要一定的时间和精力来解决,这可能导致工程项目的进度进一步延误。其次,如果索赔纠纷无法得到妥善解决,还可能引发更大的法律纠纷和诉讼风险,给业主和承包商带来更大的经济损失和声誉损害。为了避免这种索赔纠纷的发生,业主和承包商在签订合同时应明确各自的责任和义务,并约定好相应的质量标准和验收程序。在施工过程中,双方应加强沟通和协作,及时发现并处理质量问题,避免问题扩大化。同时,双方还应建立完善的索赔机制和处理程序,以便在出现索赔纠纷时能够迅速、公正地解决问题。

三、质量控制影响施工效率和工期

(一)质量控制的重要性及其对施工效率和工期的影响

严格的质量控制是确保建筑工程质量符合设计要求和质量标准的基础。在施工过程中,通过加强质量检查、监督和管理,可以及时发现并纠正施工中的质量偏差和问题,从而确保每一道工序都符合预定的质量标准。这种精细化的管理方式不仅可以显著提高施工效率,还能有效降低返工和整改的频率,进而保证工程项目的工期得到严格控制。具体来说,当施工过程中的每一道工序都经过严格的质量检查和验收时,施工队伍就可以避免在后续施工中因为质量问题而被迫停工或返工。这种连续、稳定的施工状态有助于保持施工队伍的工作节奏和士气,从而提高整体的工作效率。同时,工期的有效控制也意味着工程项目可以按照预定的计划顺利进行,避免了因工期延误而产生的各种额外费用和损失。

(二)质量控制不足带来的连锁反应与成本上升

如果建筑工程的质量控制不严格或存在漏洞,其后果往往是灾难性的。首先,质量问题的频发会严重影响施工效率。当施工中频繁出现质量问题时,施工队伍不得不花费大量时间和精力进行整改和返工,这不仅会打乱原有的施工计划,还会导致工作效率的大幅下降。同时,频繁的质量问题也会给施工队伍带来极大的心理压力和挫败感,进一步影响他们的工作积极性和士气。质量问题的频发还会导致工期的延长。由于需要花费额外的时间和精力进行整改和返工,工程项目的整体进度往往会受到严重影响。工期的延长不仅会增加项目的管理成本和风险,还可能引发一系列连锁反应,如合同违约、贷款利息增加、设备租赁费用上升等,最终导致工程造价的大幅上升。此外,质量控制的不足还可能对工程项目的整体质量和安全性构成严重威胁。当建筑物存在质量隐患时,其使用寿命和安全性都会受到严重影响。这不仅会给使用者带来潜在的安全风险,还可能引发一系列法律纠纷和经济损失。这些潜在的风险和损失也是工程造价上升的重要原因之一。因此,从以上两个方面来看,建筑工程质量控制对工程造价具有深远的影响。严格的质量控制不仅可以提高施工效率、控制工期,还能保证工程项目的整体质量和安全性,从而有效降低工程造价。而质量控制的不足则可能导致质量问题的频发、工期的延长以及潜在的安全风险和损失,最终造成工程造价的大幅上升。因此,在建筑工程项目管理中,必须高度重视质量控制工作,确保每一道工序都符合预定的质量标准,为工程项目的顺利进行和经济效益的实现提供有力保障。

第二节　建筑工程质量与工程造价的协同管理

一、明确质量目标与造价预算的协同设定

(一)质量目标的设定及其重要性

质量目标是工程项目质量管理的出发点和归宿。它要求项目团队在项目开始之前,就明确建筑物应达到的质量水准,这包括结构安全、使用功能、耐久性、美观度等多个方面。质量目标的设定应建立在充分了解项目实际需求的基础上,同时参考国内外相关行业的质量标准和规范,确保建筑物在使用过程中能够满足用户期望和各项法规要求。合理设定质量目标对于项目的成功至关重要。它不仅能够指导施工过程中的质量控制和验收工作,还有助于提升项目团队的质量意识和责任心。更重要的是,明确的质量目标可以为后续的造价预算提供准确的依据,避免在追求高质量的过程中造成不必要的成本浪费。

(二)造价预算的制定及其考量因素

造价预算是工程项目经济管理的重要组成部分。它要求项目团队在项目开始之前,就根据项目的投资规模、资金来源、市场预期等因素,对项目的总成本进行合理预测和规划。制定准确的造价预算对于项目的经济效益和投资回报具有决定性的影响。在制定造价预算时,项目团队需要综合考虑多种因素。首先是原材料、设备、人工等直接成本的市场价格变动趋势,这些成本占据了项目总成本的大部分比例。其次是间接成本,如管理费用、税费、保险

费等,这些成本虽然占比相对较小,但同样不容忽视。此外,还需要考虑项目的工期、技术难度、施工条件等因素对造价的影响。

(三)质量目标与造价预算的协同管理策略

1.加强跨部门沟通与协作

实现质量目标与造价预算的协同管理,首先需要加强质量部门和造价部门之间的沟通与协作。两个部门应定期举行联席会议,就质量目标和造价预算在制定、执行过程中遇到的问题进行深入讨论和交流。通过信息共享和资源整合,共同推动项目的顺利进行。

2.建立动态调整机制

在工程项目实施过程中,由于各种不可预见因素的影响,质量目标和造价预算往往需要进行动态调整。因此,建立一套灵活有效的动态调整机制至关重要。该机制应能够根据项目的实际情况和市场变化,及时调整质量目标和造价预算,确保项目的顺利进行和经济效益的最大化。

3.强化成本控制与质量管理

在协同管理过程中,应始终强化成本控制和质量管理的理念。通过优化设计方案、改进施工工艺、提高材料设备利用率等措施,有效降低项目的成本支出。同时,加强施工过程中的质量监督和检查,确保建筑物的各项质量指标均符合设计要求和相关标准。

二、优化设计方案以实现质量与造价的平衡

(一)设计方案优化对质量与造价的影响

设计方案是建筑工程的起点,它决定了项目的整体方向和实

施路径。一个优秀的设计方案应该能够充分考虑建筑物的功能需求、结构安全、材料性能等因素,确保建筑物在使用过程中能够满足各项要求。同时,设计方案还需要结合造价预算的限制,通过合理的结构布局、经济的材料选择等措施,降低工程造价,提高项目的经济效益。优化设计方案可以在保证质量的前提下,有效降低工程造价。例如,通过采用先进的技术手段,可以提高施工效率、缩短工期,从而降低人工成本和机械使用费;通过合理的结构布局,可以减少材料的浪费和损耗,降低材料成本;通过经济的材料选择,可以在满足功能需求的前提下,选择性价比更高的材料,降低材料采购成本。这些措施都有助于实现质量与造价的协同管理,提高项目的整体效益。

(二) 多方案比选与优化的策略

在设计过程中,为了找到最优的设计方案,通常需要进行多方案的比选和优化。这包括对不同结构形式、材料选择、施工工艺等方案进行技术经济分析和比较,从中选择出既满足功能需求和安全标准,又符合造价预算限制的最优方案。在进行多方案比选时,需要综合考虑技术可行性、经济合理性、施工便利性等因素。技术可行性是确保建筑物能够达到设计要求的必要条件;经济合理性是在满足技术要求的前提下,追求经济效益的最大化;施工便利性则是考虑施工过程中的可操作性和难易程度。通过综合权衡这些因素,筛选出最优的设计方案。在优化设计方案时,还可以采用一些具体的措施。例如,利用价值工程原理对设计方案进行功能分析和成本分析,找出不必要的功能和过高的成本,提出改进意见;采用限额设计的方法,按照批准的造价预算进行设计控制,确保设计方案不突破造价预算限制;引入 BIM 技术等信息化手段,提高设计精度和效率,减少设计变更和返工现象等。这些措施都有助于实现设计方案的优化和协同管理。

(三)实施过程中的动态调整与监控

优化设计方案并非一蹴而就的过程,在实施过程中往往需要根据实际情况进行动态调整和监控。这包括对施工过程中的质量问题、造价偏差等进行及时发现和处理,确保项目的顺利进行。在施工过程中,可能会出现一些与设计方案不符的情况或问题。这时需要及时与设计单位沟通协调,对设计方案进行必要的调整或修改。同时,还需要加强对施工现场的监控和管理,确保施工质量和进度符合设计要求。此外,还需要建立一套完善的造价管理体系和成本控制机制。通过对实际造价与预算造价的对比分析,找出造成造价偏差的原因并采取相应的纠正措施。还需要加强对材料设备采购、验收、保管等环节的管理和控制,确保材料设备的质量和数量符合要求且不造成浪费。

三、加强施工过程中的质量与造价协同控制

(一)建立完善的质量管理体系和造价控制体系

在施工过程开始之前,必须建立一套完善的质量管理体系和造价控制体系。质量管理体系应明确各项质量标准、质量控制流程和质量责任制度,确保施工过程中的每一个环节都有明确的质量要求和监控措施。同时,应设立专门的质量检查机构,配备专业的质量检查人员,对施工过程进行全程跟踪和监控,及时发现并处理质量问题。造价控制体系则应明确项目的成本控制指标、造价核算流程和造价偏差处理机制。通过制订合理的施工预算和成本

控制计划,将造价指标分解到各个施工环节和部门,实现造价的精细化管理。同时,应建立动态的造价监控机制,定期对实际造价与预算造价进行对比分析,及时发现造价偏差并采取相应的纠偏措施。

(二)加强现场管理,优化施工工艺

现场管理是施工过程中的重要环节,直接关系到施工质量和造价控制。加强现场管理,可以优化施工工艺,提高施工效率,从而降低工程造价。首先,应合理安排施工顺序和施工计划,确保各个施工环节之间的衔接顺畅,减少窝工和返工现象。同时,应采用先进的施工技术和设备,提高施工自动化水平,降低人工成本和材料消耗。其次,应加强对施工材料的管理和控制。材料成本占据了工程造价的很大一部分,因此必须严格控制材料的采购、验收、保管和使用等环节。通过优化材料采购计划、加强材料验收和保管工作、推广材料节约技术等措施,降低材料成本,提高项目的经济效益。最后,应加强对施工人员的培训和管理。施工人员是施工过程中的主体,他们的技能水平和责任意识直接影响到施工质量和造价控制。通过定期的培训和教育,提高施工人员的技能水平和质量意识;通过合理的激励和约束机制,激发施工人员的工作积极性和责任心。

(三)及时处理质量问题和造价偏差

在施工过程中,难免会出现一些质量问题和造价偏差。对于这些问题和偏差,必须及时发现并采取整改措施和纠偏措施,确保工程项目的顺利进行。对于质量问题,应立即停止相关施工环节并进行整改。通过深入分析质量问题的原因和影响范围,制定针对性的整改方案并组织实施。同时,应加强对整改过程的监控和验收工作,确保整改效果符合质量要求。对于造价偏差问题,应首先分析偏差产生的原因和影响程度。如果是客观原因(如市场价格波动、政策调整等)导致的偏差,应及时调整造价控制计划和预算指标;如果是主观原因(如管理不善、浪费严重等)导致的偏差,则应追究相关责任人的责任并采取相应的处罚措施。同时,应加强对后续施工过程的造价监控工作,防止类似偏差的再次发生。

第三节　建筑工程质量与工程造价的风险控制

一、建筑工程质量的风险控制

(一)完善质量管理体系

1. 制定明确的质量目标和计划

明确的质量目标是质量管理体系的核心,它为整个项目设定了清晰的质量标准和追求方向。在制定质量目标时,应充分考虑项目的实际情况、客户需求、行业标准以及法律法规等因素,确保目标既具有可行性又具有挑战性。同时,目标应具体、可衡量,以便在项目实施过程中进行监控和评估。与质量目标相配套的是详细的质量计划。质量计划应明确为实现质量目标所需采取的各项措施、资源配置、时间表以及责任人等。计划的制订过程应充分征求各相关方的意见,确保计划的合理性和可操作性。在项目实施过程中,应定期对质量计划进行审查和调整,以适应项目变化的需要。

2. 设立专门的质量管理机构并配备合格人员

专门的质量管理机构是质量管理体系的组织保障。在项目开始之初,就应设立质量管理机构,并明确其职责和权限。质量管理机构应负责全面监督和管理项目的质量工作,包括制定质量管理制度和规范、组织质量检查和评估、协调处理质量问题等。配备合格的质量管理人员是质量管理机构有效运转的关键。同时,他们还应具有良好的沟通协调能力和团队合作精神,以便在项目团队中发挥积极作用。对于质量管理人员,应定期进行培训和考核,确保其能力和素质与项目需求相匹配。

3. 制定并实施各项质量管理制度和规范

质量管理制度和规范是质量管理体系的基础文件,它们为项目的质量管理提供了明确的依据和标准。在制定这些制度和规范时,应充分考虑项目的实际情况和特点,确保其既符合法律法规和行业标准的要求,又能够满足项目的实际需求。质量管理制度和规范应涵盖项目的各个方面和环节,包括材料设备的采购和验收、施工工艺的选择和应用、施工过程的监控和检查、质量问题的处理和整改等。同时,它们应具有可操作性和可检查性,以便在实际工作中得到有效执行和监督。在项目实施过程中,应严格执行质量管理制度和规范,确保各项质量工作得到有效落实。同时,应定期对质量管理制度和规范进行审查和更新,以适应项目变化的需要和行业的发展趋势。

(二)加强材料设备的质量控制

1. 严格把控材料设备的采购环节

采购是材料设备质量控制的源头,只有选择信誉良好、质量可靠的供应商,才能确保进场材料设备的质量。因此,在采购过程中,应建立严格的供应商评估和选择机制,对供应商的资质、信誉、生产能力、质量管理体系等方面进行全面考察和评估。同时,应与供应商建立长期稳定的合作关系,确保供应的连续性和稳定性。在采购合同中,应明确材料设备的质量标准、验收方法、违约责任等条款,为后续的验收和使用提供依据。对于关键材料设备或特殊要求的材料设备,可以在合同中约定更为严格的验收标准和质量控制要求。

2. 加强材料设备的验收工作

验收是确保进场材料设备质量的关键环节。在材料设备进场前,应根据采购合同和设计要求,制定详细的验收方案和验收标准。在验收过程中,应对材料设备的外观、规格、型号、数量、质量证明文件等进行全面检查,确保其符合设计要求和合同约定。对于关键材料设备或存在质量疑虑的材料设备,可以采用更为严格的验收方法,如抽样检测、试验验证等。对于验收不合格的材料设备,应及时与供应商沟通协商,按照合同约定进行处理,防止其进入施工现场。

3. 做好材料设备的保管和使用工作

保管和使用是确保材料设备质量持续稳定的重要环节。在材料设备进场后,应根据其性质和特点,选择合适的存放地点和保管方式,防止其在存放过程中发生损坏、变质或混用等情况。对于易燃、易爆、有毒等危险品材料设备,应设置专门的存放区域和安全防护措施,确保其安全可控。在使用过程中,应严格按照施工工艺和操作规程进行使用,避免因使用不当导致材料设备损坏或质量下降。对于使用过程中发现的质量问题或异常情况,应及时停止使用并报告相关部门进行处理。同时,应定期对施工现场的材料设备进行盘点和检查,确保其数量和质量与计划相符。此外,为了进一步加强材料设备的质量控制,还可以采取以下措施:一是建立材料设备质量档案,对进场材料设备的来源、质量证明文件、验收记录、使用记录等进行归档管理,方便后续追溯和查询;二是加强与监理单位和质检机构的沟通协调,共同做好材料设备的质量控制工作;三是积极推广和应用新材料、新设备,提高建筑工程的整体质量和效益。

(三)提高施工工艺水平

1. 积极推广和应用新技术、新工艺

随着科技的不断进步和建筑行业的快速发展,越来越多的新技术、新工艺涌现出来,为提升建筑工程质量提供了有力支持。项目管理人员应密切关注行业动态和技术发展趋势,积极引进和推广适用于本项目的新技术、新工艺。在推广和应用新技术、新工艺时,应注重以下几点:一是要进行充分的技术调研和论证,确保所选技术工艺的先进性和适用性;二是要与供应商、科研机构等建立紧密的合作关系,及时获取最新的技术支持和解决方案;三是要注重技术工艺的集成和优化,形成具有本项目特色的施工工艺体系。通过积极推广和应用新技术、新工艺,不仅可以提高施工效率和质量水平,还能在项目团队中形成创新氛围,激发团队成员的创新意识和积极性。

2. 加强对施工人员的培训和教育

施工人员是建筑工程的直接执行者,他们的技能水平和质量意识直接影响着工程质量。因此,加强对施工人员的培训和教育

是提高施工工艺水平的关键环节。在培训和教育方面,应注重以下几点:一是要制订详细的培训计划和方案,明确培训目标、内容、方式和时间等;二是要针对不同岗位和施工人员的实际情况,开展分层次、分类别的培训活动;三是要注重理论与实践相结合,通过现场示范、案例分析等方式提高施工人员的实际操作能力;四是要建立培训考核机制,对施工人员的培训效果进行评估和反馈。通过加强对施工人员的培训和教育,可以提升他们的技能水平和质量意识,使他们能够更好地掌握和运用先进的施工工艺和技术,从而提升建筑工程的整体质量。

3. 建立完善的施工工艺管理体系

建立完善的施工工艺管理体系是提高施工工艺水平的重要保障。该体系应包括施工工艺标准的制定、实施、监督和评估等环节。在施工工艺标准的制定方面,应结合项目实际情况和行业标准,制定具有可操作性和指导意义的施工工艺标准。同时,应注重与设计单位、监理单位等相关方的沟通和协调,确保施工工艺标准的科学性和合理性。在施工工艺标准的实施方面,应加强对施工现场的监督和指导,确保施工人员严格按照标准进行操作。在施工工艺标准的监督和评估方面,应建立定期检查和评估机制,对施工工艺标准的执行情况进行全面检查和评估。对于存在的问题和不足,应及时进行整改和提升,不断完善施工工艺管理体系。

(四)强化现场质量管理

1. 做好施工前的技术交底工作

技术交底是施工前的重要环节,它旨在确保施工人员明确理解施工图纸、质量要求、施工标准以及可能遇到的技术难点。通过技术交底,可以将设计意图和施工要求准确地传达给每一个施工人员,为后续的施工过程奠定了坚实的基础。在技术交底过程中,应注重以下几点:首先,交底内容要全面、准确,涵盖施工图纸的解读、质量标准的明确、施工方法的讲解等方面;其次,交底方式要灵活多样,既可以通过会议形式进行集中交底,也可以针对特定工序或班组进行专项交底;最后,交底过程要注重互动和反馈,鼓励施工人员提问和讨论,确保他们真正理解和掌握交底内容。通过做好技术交底工作,可以显著提升施工人员的质量意识和操作水平,为后续的施工过程奠定良好的质量基础。

2. 加强施工过程中的质量检查和监控

施工过程中的质量检查和监控是确保工程质量的关键环节。通过定期或不定期的质量检查,可以及时发现施工过程中存在的质量问题或隐患,从而采取相应的纠正措施,确保工程质量符合设计要求和相关标准。在质量检查和监控过程中,应注重以下几点:首先,要制定科学、合理的检查计划和方案,明确检查的时间、地点、内容和标准;其次,要注重检查的全面性和细致性,对施工现场的各个环节和部位进行逐一检查,不留死角;最后,要注重检查的实效性和针对性,对发现的问题要立即进行整改和处理,确保问题得到彻底解决。通过加强施工过程中的质量检查和监控,可以形成对施工现场的全面掌控,及时发现并处理质量问题,有效防止质量事故的发生。

3. 对发现的质量问题及时进行处理和整改

尽管在施工前进行了充分的技术交底,并在施工过程中加强了质量检查和监控,但仍然难免会出现一些质量问题。当发现质量问题时,必须立即进行处理和整改,防止问题扩大和恶化。在处理质量问题时,应注重以下几点:首先,要对问题进行准确的分析和判断,找出问题的根源和影响因素;其次,要制定切实可行的处理方案和措施,明确责任人和时间节点;最后,要加强对处理过程的监督和检查,确保问题得到彻底解决并符合相关要求。通过及时处理和整改质量问题,可以将质量问题的影响降到最低程度,确保工程的整体质量和进度不受影响。同时,这也有助于提升施工单位的信誉和形象,为今后的工程承接和发展奠定良好的基础。

二、工程造价的风险控制

(一)做好造价预算和计划工作

1. 明确造价预算和计划的重要性

造价预算和计划是建筑工程项目管理的核心组成部分,它涉及项目的成本、进度和质量等多个方面。一个科学合理的造价预算和计划,可以帮助项目管理者全面掌握项目的成本情况,有效预防和控制成本超支,提高项目的投资效益。同时,它还可以为项目的决策提供有力的支持,帮助项目管理者在项目实施过程中做出正确的决策,确保项目的顺利进行。在明确造价预算和计划的重要性的基础上,项目管理者应充分认识到做好这项工作对于项目成功的重要性,并在实际工作中给予足够的重视和关注。

2. 制订详细的造价预算和计划

制订详细的造价预算和计划是做好这项工作的关键。在制定过程中,应注重以下几个方面:深入了解项目实际情况和合同要求。项目管理者应全面了解项目的规模、工期、质量要求、技术难度等实际情况,以及合同中对造价预算和计划的具体要求,为制订科学合理的造价预算和计划提供基础。确定各项费用的计算依据和标准。在制订造价预算和计划时,应明确各项费用的计算依据和标准,如人工费、材料费、机械使用费等,确保预算和计划的准确性和合理性。预测可能发生的变更和索赔情况。在建筑工程项目实施过程中,由于各种因素的影响,可能会出现一些变更和索赔情况。因此,在制订造价预算和计划时,应充分考虑这些可能发生的情况,并制定相应的应对措施和预算调整方案。制定科学合理的成本控制措施。在制订造价预算和计划时,应结合项目的实际情况和成本控制要求,制定科学合理的成本控制措施,如优化设计方案、提高施工效率、降低材料损耗等,确保项目的成本控制在可控范围内。

3. 加强造价预算和计划的执行与监控

制订详细的造价预算和计划只是第一步,更重要的是加强其执行与监控。在执行与监控过程中,应注重以下几个方面:严格按照预算和计划执行。在项目实施过程中,应严格按照制订的预算和计划进行成本控制,避免出现成本超支或浪费的情况。对于确实需要调整预算和计划的情况,应及时进行审批和调整。加强成本控制意识。项目管理者应加强对项目成员的成本控制意识教育,使每个成员都充分认识到成本控制的重要性,并在实际工作中自觉遵守和执行预算和计划。定期进行成本分析和评估。在项目实施过程中,应定期进行成本分析和评估,掌握项目的成本情况,及时发现和解决成本控制中存在的问题。同时,还可以根据成本分析和评估的结果,对预算和计划进行适时的调整和优化。建立完善的成本控制体系。为了做好造价预算和计划工作,项目管理者应建立完善的成本控制体系,包括成本控制制度、成本控制流程、成本控制责任制等,确保成本控制工作的有序进行。

(二)加强成本控制和核算工作

1.建立完善的成本控制和核算体系

建立完善的成本控制和核算体系是加强成本控制和核算工作的基础。该体系应包括成本控制制度、成本控制流程、成本核算方法、成本偏差分析机制等。通过制定明确的制度和流程,可以规范成本控制和核算工作,确保各项费用的准确统计和分析。在建立成本控制和核算体系时,应注重以下几点:一是要确保体系的完整性和系统性,涵盖项目从开工到竣工的全过程;二是要注重体系的可操作性和实用性,方便项目管理人员和财务人员进行实际操作;三是要注重体系的动态性和灵活性,能够根据项目实际情况进行及时调整和优化。通过建立完善的成本控制和核算体系,可以为项目的成本控制和核算工作提供有力的保障和支持,确保各项费用的有效控制和准确核算。

2.加强实际费用的统计和分析

加强实际费用的统计和分析是成本控制和核算工作的核心环节。在项目实施过程中,应定期对实际发生的费用进行统计和分析,包括人工费、材料费、机械使用费、管理费等各项费用。通过与预算和计划进行对比和偏差分析,可以及时发现费用超支或节约的情况,找出造成偏差的原因,并采取相应的纠正措施。在加强实际费用的统计和分析时,应注重以下几点:一是要确保数据的准确性和真实性,避免出现数据失真或虚假的情况;二是要注重数据的及时性和动态性,能够实时反映项目的费用情况;三是要注重对数据的深入挖掘和分析,找出隐藏在数据背后的规律和趋势,为项目的决策提供支持。通过加强实际费用的统计和分析,可以全面掌握项目的费用情况,及时发现和解决造价风险,确保项目的经济效益和社会效益。

3. 加强变更和索赔的管理和控制

在建筑工程实施过程中,变更和索赔是常见的造价风险。一旦发生变更或索赔,可能会对项目的造价产生重大影响。因此,加强变更和索赔的管理和控制是成本控制和核算工作的重要内容。在加强变更和索赔的管理和控制时,应注重以下几点:一是要建立完善的变更和索赔管理制度,明确变更和索赔的程序、责任、权限等;二是要加强对变更和索赔的审查和批准,确保变更和索赔的合理性和合法性;三是要注重对变更和索赔的预防和控制,通过优化设计方案、提高施工效率等措施减少变更和索赔的发生;四是要加强对变更和索赔费用的核算和分析,确保变更和索赔费用的准确性和合理性。通过加强变更和索赔的管理和控制,可以有效预防和控制造价风险,避免因变更和索赔导致的造价超支或纠纷,确保项目的顺利进行和经济效益的实现。

第六章 建筑工程质量管理与工程造价未来发展趋势

第一节 智能化与数字化发展

一、建筑工程质量管理的智能化与数字化发展

(一)智能化监测系统的应用

1. 实时监测与数据采集

智能化监测系统的核心功能之一是实时监测与数据采集。在传统的建筑工程质量管理中,人工巡检和定期检测是主要的监测手段,但这种方式存在效率低下、准确性难以保证等问题。而智能化监测系统通过安装在建筑结构或施工现场的传感器和监控设备,能够实时、连续地监测各项关键参数的变化。这些传感器和监控设备具有高精度、高灵敏度的特点,能够准确捕捉到微小的变化,并及时将数据传输到中央处理系统。中央处理系统对接收到的数据进行实时处理和分析,生成可视化的监测报告和图表。管理人员可以通过电脑或手机等终端设备随时查看监测结果,了解工程质量的实时状况。这种实时监测与数据采集的方式,不仅极大提高了监测效率,还能够确保数据的准确性和可靠性,为工程质

量的管理和决策提供了科学依据。

2. 预警与风险控制

智能化监测系统的另一个重要功能是预警与风险控制。通过对监测数据的实时分析,系统能够及时发现潜在的质量问题和安全隐患。当某项参数超过预设的安全阈值时,系统会立即触发预警机制,通过短信、邮件或声光报警等方式向管理人员发送预警信息。这样,管理人员可以在第一时间掌握工程质量问题,迅速采取相应措施进行处理,从而避免质量事故的发生或扩大。同时,智能化监测系统还可以利用历史数据和机器学习算法对工程质量进行趋势预测和风险评估。通过对大量数据的挖掘和分析,系统能够揭示出工程质量问题的内在规律和影响因素,为制定针对性的预防措施和风险管理策略提供有力支持。这有助于降低工程质量风险,提高工程建设的整体安全性和可靠性。

3. 促进信息化管理与科学决策

智能化监测系统的应用还促进了建筑工程质量管理的信息化和科学化。通过将监测数据与项目管理软件、企业资源规划系统等信息化平台进行整合,可以实现工程质量的全面、细致管理。管理人员可以通过信息化平台随时查看各项监测数据、质量报告和预警信息,及时了解工程质量的全面情况,为科学决策提供有力支持。此外,智能化监测系统还可以促进工程质量管理流程的优化和标准化。通过对监测数据的自动采集、传输和处理,可以减少人工干预和错误,提高工作效率和质量。同时,系统还可以根据实际需求进行定制开发,满足不同工程类型和规模的质量管理需求。这有助于推动建筑工程质量管理的规范化和标准化,提升整个行业的质量管理水平。

（二）数字化建模技术的应用

1. 质量问题的预测与解决

数字化建模技术通过高精度的三维建模,能够模拟建筑物的施工过程和实际使用中的性能表现。通过建立建筑物的三维数字模型,该技术为工程师和设计师提供了一个全新的视角和工具,使他们能够在虚拟环境中模拟施工过程和工程结构的实际性能,从而在设计阶段预测并解决潜在的质量问题。

2. 质量隐患的早期发现与解决

数字化建模技术的首要应用是在设计阶段对质量隐患的早期发现与解决。传统的建筑设计方法往往依赖于二维图纸和工程师的经验,难以全面预见施工过程中可能出现的各种问题。而数字化建模技术通过建立建筑物的三维模型,能够模拟出建筑物在不同施工阶段的状态,包括结构受力、材料性能、施工工艺等多个方面。通过这种模拟,工程师可以在设计阶段就发现潜在的质量隐患,如结构设计不合理、材料选用不当、施工工艺存在缺陷等。一旦发现这些问题,设计师可以及时进行调整和优化,从而在设计阶段就消除质量隐患,降低工程质量风险。这种早期发现和解决质量问题的方式,不仅增强了工程设计的准确性和可靠性,也为后续的施工过程奠定了良好的基础。

3. 施工方案的优化与模拟

数字化建模技术的另一个重要应用是在施工方案的优化与模拟上。在建筑工程施工前,利用数字化建模技术对施工过程进行模拟,可以帮助工程师更加清晰地了解每个施工阶段的重点和难点。通过这种模拟,工程师可以对不同的施工方案进行比较和分析,选择最优的施工方法、工艺流程和施工顺序。同时,数字化建模技术还可以对施工过程中的各种资源进行优化配置,如人员、材料、机械设备等。通过模拟不同资源配置方案下的施工效果,工程师可以找到最佳的资源配置方式,从而提高施工效率和质量。这种优化和模拟的过程,不仅减少了施工过程中的盲目性和不确定性,也为工程的顺利进行提供了有力保障。

4. 提升协同设计与沟通能力

数字化建模技术的第三个重要价值在于提升协同设计与沟通能力。在传统的建筑工程设计过程中,不同专业之间的沟通和协调往往存在较大的困难。而数字化建模技术通过建立一个共享的三维模型平台,使得建筑师、结构工程师、设备工程师等各个专业的人员可以在同一个模型上进行协同设计。这种协同设计的方式不仅可以减少各专业之间的设计冲突和矛盾,还可以提高设计效率和质量。同时,数字化建模技术还可以用于与客户和施工单位的沟通与交流。通过展示三维模型,可以更加直观地向客户解释设计方案和施工方法,增强客户对工程的信任和理解。与施工单位的沟通也更加顺畅和高效,有助于减少施工过程中的误解和纠纷。

(三) 智能化检测与验收系统的应用

1. 提升验收效率和准确性

在传统的建筑工程竣工验收过程中,人工监测是主要的验收手段。然而,人工检测存在主观性强、误差率高、耗时耗力等问题,难以满足现代建筑工程对高效率和高准确性的要求。而智能化检测与验收系统通过引入先进的检测设备和数据分析软件,能够自动化、快速地完成大量检测任务,并生成准确、详细的检测报告。这不仅大幅提升了验收效率,缩短了工程交付周期,也降低了人工检测带来的误差,增强了验收结果的准确性。此外,智能化检测与验收系统还能够对检测数据进行实时分析,及时发现工程质量问题,为采取相应措施提供科学依据。这有助于避免质量问题的进一步扩大,保障建筑工程的安全性和稳定性。

2. 确保验收结果的客观性和公正性

在建筑工程竣工验收过程中,确保验收结果的客观性和公正性至关重要。这不仅关系着工程质量责任的划分,更影响着建筑工程的后续使用和维护。智能化检测与验收系统通过采用先进的检测技术和标准化的评估方法,能够减少人为因素对验收结果的影响,确保验收结果的客观性和公正性。具体来说,智能化检测与验收系统能够自动采集和处理检测数据,避免了人为操作带来的误差和偏见。同时,系统还能够根据预设的评估标准对工程质量进行量化评估,减少了主观判断对验收结果的影响。这使得验收结果更加客观、公正,能够真实反映建筑工程的质量状况。

3. 促进信息共享和协同工作

在建筑工程竣工验收阶段,涉及多个部门和单位的协同工作。传统的验收方式往往存在信息共享不畅、沟通效率低下等问题,影响了验收工作的顺利进行。而智能化检测与验收系统通过构建统一的信息平台,实现了与相关部门和单位的信息共享和协同工作。借助智能化检测与验收系统,各部门和单位可以实时查看检测数据和评估结果,了解工程质量的全面情况。同时,该系统还可以为工程质量的后续管理和维护提供便利。通过将检测数据和评估结果存储在系统中,可以方便地进行历史数据查询和对比分析,为工程质量问题的追溯和解决提供有力支持。

二、工程造价的智能化与数字化发展

(一) 智能化造价估算系统的应用

1. 提高造价估算的准确性和效率

在传统的工程造价估算过程中,估算人员需要依靠大量的历史数据和经验公式进行手动计算,不仅工作量大,而且容易出错。智能化造价估算系统通过引入大数据和人工智能技术,能够自动收集、整理和分析海量的工程项目数据和市场价格信息。系统可以根据工程项目的实际情况,智能地选择合适的估算方法和参数,快速生成准确的造价估算结果。这不仅极大减少了估算人员的工作量,还避免了人为因素带来的误差,显著提高了造价估算的准确性和效率。此外,智能化造价估算系统还可以实时更新数据库中的市场价格信息,确保估算结果始终与市场保持同步。这对于建设单位在快速变化的市场环境中准确把握工程造价具有重要意义。

2. 助力建设单位更好地控制工程成本

控制工程成本是建设单位在工程项目管理过程中的核心任务之一。智能化造价估算系统通过提供实时、准确的造价估算结果,能够帮助建设单位更好地掌握工程项目的成本情况。建设单位可以根据估算结果及时调整工程设计方案、优化施工工艺或重新选择材料设备供应商等,以达到降低工程成本的目的。同时,智能化造价估算系统还可以对工程项目的成本风险进行预测和评估。系统通过分析历史数据和当前市场趋势,能够识别出可能导致成本超支的风险因素,并提前发出预警。这使得建设单位能够在风险发生前采取相应措施进行防范和应对,从而避免不必要的经济损失。

3. 为建设单位决策提供有力支持

在工程项目的决策阶段,建设单位需要综合考虑多种因素来制定最优的造价方案。智能化造价估算系统通过提供多种造价方案和优化建议,能够为建设单位的决策提供有力支持。系统可以根据工程项目的特点和要求,智能地生成多种可行的造价方案供建设单位选择。同时,系统还可以根据建设单位的需求和偏好对方案进行优化调整,以满足不同场景下的决策需求。此外,智能化造价估算系统还可以提供丰富的数据分析和可视化工具来帮助建设单位更好地理解和比较不同方案之间的差异和优劣。这使得建设单位能够更加科学、全面地进行决策分析,从而选择出最符合自身利益和发展目标的造价方案。

(二)数字化造价管理平台的建设

1. 提高造价管理的效率和准确性

在传统的工程造价管理过程中,大量的纸质文档和手工操作不仅效率低下,而且容易出错。数字化造价管理平台通过引入先进的信息技术,将传统的纸质文档转化为数字化信息,实现了工程造价信息的快速存储、检索和处理。这不仅极大减少了管理人员的工作量,还避免了手工操作带来的误差,显著提高了造价管理的效率和准确性。同时,数字化造价管理平台还可以对工程造价信息进行智能分析和处理。通过运用大数据、云计算等先进技术,平台可以对海量的造价数据进行深度挖掘和分析,为建设单位提供更加准确、全面的造价信息。这有助于建设单位更好地掌握工程项目的成本情况，为后续的决策和成本控制提供有力支持。

2. 促进信息共享

在工程造价管理过程中，涉及多个部门和企业的协同工作。传统的管理方式往往存在信息共享不畅、沟通效率低下等问题，影响了造价管理的效果。而数字化造价管理平台通过构建统一的信息平台，实现了与相关部门和企业的信息共享和协同工作。借助数字化造价管理平台，各部门和企业可以实时上传、下载和查看工程造价信息，了解工程项目的全面情况。同时，该平台还可以实现与其他信息系统的无缝对接，如财务管理系统、项目管理系统等，进一步提升了信息共享和协同工作的便捷性。

3. 实现实时的造价监控和预警

在工程项目的实施过程中，造价风险是不可避免的。传统的造价管理方式往往难以及时发现和解决造价风险，给建设单位带来经济损失。而数字化造价管理平台通过提供实时的造价监控和预警功能，帮助建设单位及时发现和解决造价风险。具体来说，数字化造价管理平台可以实时监控工程项目的造价变化情况，并与预设的阈值进行比较分析。一旦发现造价异常或超出预设范围，平台会立即发出预警信息，提醒管理人员及时采取措施进行干预和调整。这使得建设单位能够在风险发生前或发生时迅速应对，降低经济损失的风险。此外，数字化造价管理平台还可以对工程项目的造价趋势进行预测和分析。通过运用大数据和人工智能技术，平台可以根据历史数据和当前市场情况预测未来一段时间的造价变化趋势，为建设单位提供决策参考。这有助于建设单位更好地把握市场动态和制定合理的造价策略。

第二节　全过程工程咨询服务的普及

一、市场需求推动普及

(一)全过程工程咨询服务满足现代工程项目管理需求

现代工程项目往往涉及多个领域和专业,从前期策划到竣工验收,每一个环节都需要专业的知识和技能。传统的分段式咨询服务由于缺乏连续性和整体性,很难对项目的全局进行优化和控制。全过程工程咨询服务的出现,使得客户无须再为不同阶段的咨询服务分别寻找合适的提供商,极大降低了客户的协调和管理成本。同时,全过程工程咨询服务提供商对整个项目有深入的理解和全面的把控,能够及时发现和解决潜在的问题,从而确保项目的质量和进度。

(二)全过程工程咨询服务推动行业创新与发展

全过程工程咨询服务的普及不仅满足了客户的需求,也推动了工程咨询行业的创新与发展。为了提供高质量的全过程咨询服务,咨询企业需要不断加强内部管理和团队建设,提高员工的综合素质和专业技能。同时,企业还需要紧跟行业发展趋势,引入先进的技术和管理理念,不断创新服务模式和手段。这一过程中,咨询企业逐渐从传统的单一服务提供商转变为综合性的解决方案提供商。它们不仅能够为客户提供专业的咨询服务,还能够根据客户的需求和市场变化,为客户提供定制化的解决方案。这种转变不仅提高了咨询企业的竞争力,也推动了整个行业的创新与发展。

(三)全过程工程咨询服务面临挑战与机遇并存

虽然全过程工程咨询服务在市场上受到了广泛的欢迎和认可,但其普及与发展也面临着一些挑战。首先,提供全过程咨询服务需要咨询企业具备跨阶段、跨专业的整合能力,这对企业的综合实力和团队素质提出了更高的要求。其次,随着市场的不断变化和技术的快速发展,咨询企业需要不断学习和更新知识,以适应新的需求和挑战。然而,挑战与机遇并存。面对市场的需求和行业的发展趋势,咨询企业可以通过加强内部管理和团队建设、引入先进的技术和管理理念、拓展业务领域和合作模式等方式来应对挑战并抓住机遇。同时,政府和相关机构也可以通过出台相关政策、提供培训和支持等方式来推动全过程工程咨询服务的普及与发展。

二、政策引导促进发展

(一)财政补贴与税收优惠激发企业积极性

为了降低企业采用全过程工程咨询服务的经济压力,各国政府纷纷提供财政补贴和税收优惠等支持措施。财政补贴可以直接减轻企业在咨询服务方面的支出负担,特别是在项目初期,当资金压力较大时,这种补贴显得尤为重要。而税收优惠则可以通过减免税款或提供税收抵免等方式,间接增加企业的可支配收入,从而鼓励其更多地投入到全过程工程咨询服务中。这些财政和税收方面的激励措施不仅激发了企业采用全过程工程咨询服务的积极性,还促进了咨询行业的健康发展。更多的企业愿意投入资源提升咨询服务的质量和效率,以满足市场的需求,进而形成良性循环。

(二)市场准入政策的调整与优化

除了财政和税收方面的支持,政府还通过调整市场准入政策来推动全过程工程咨询服务的普及。这包括简化审批程序、降低市场准入门槛以及加强行业监管等措施。简化审批程序可以减少企业进入市场的时间和成本,使其能够更快速地响应市场需求。降低市场准入门槛则可以让更多的中小企业和新兴咨询机构有机会参与到全过程工程咨询服务市场中来,从而增强市场的竞争性和活力。同时,加强行业监管也是确保全过程工程咨询服务质量的重要手段。政府通过建立完善的监管体系和行业标准,对咨询机构进行定期评估和审核,以确保其提供的服务符合相关要求和标准。这种监管不仅保障了客户的权益,也提升了整个行业的形象和信誉。

(三)示范项目与推广成功案例的引领作用

为了进一步提升全社会对全过程工程咨询服务的认知和接受度,政府还通过设立示范项目和推广成功案例等方式进行大力宣传。示范项目通常是由政府主导或支持的大型工程项目,它们采用全过程工程咨询服务模式并取得了显著成效。这些项目的成功实践不仅为其他企业提供了可借鉴的经验和模式,也增强了市场对全过程工程咨询服务的信心。此外,政府还通过举办研讨会、发布行业报告以及媒体宣传等多种渠道推广成功案例。这些成功案例涵盖了各种类型和规模的工程项目,展示了全过程工程咨询服务在不同领域和场景下的广泛应用和卓越成效。这种宣传不仅提高了社会各界对全过程工程咨询服务的认知度和接受度,也为其进一步普及奠定了坚实的基础。

三、行业融合创新驱动

(一)信息化技术推动咨询服务跨阶段、跨专业整合

在传统的工程咨询模式中,各阶段、各专业之间往往存在明显的界限和壁垒,导致信息传递不畅、资源浪费以及效率低下等问题。而信息化技术的广泛应用,如 BIM(建筑信息模型)、项目管理软件等,为全过程工程咨询服务提供了强有力的技术支持。这些技术能够实现项目各阶段、各专业数据的实时共享和协同工作,打破了传统咨询服务的界限。通过信息化技术,全过程工程咨询服务能够在项目策划、可行性研究、设计、招标、施工、竣工验收等各个阶段实现无缝衔接。各专业团队可以在同一平台上协同工作,共同解决项目中的复杂问题。这种跨阶段、跨专业的整合与协作不仅提高了工作效率,还优化了资源配置,为客户提供了更全面、更优质的服务。

(二)智能化技术提升咨询服务效率和质量

智能化技术,如大数据分析、人工智能、机器学习等,在工程咨询领域的应用逐渐深入。这些技术能够对海量的项目数据进行分析和挖掘,为全过程工程咨询服务提供科学的决策依据。同时,智能化技术还可以自动化处理一些烦琐、重复的工作,减轻咨询人员的负担,让他们有更多的时间和精力专注于解决复杂问题。通过引入智能化技术,全过程工程咨询服务能够实现更高效、更精准的项目管理和风险控制。例如,利用大数据分析技术,咨询人员可以

实时掌握项目的进度、成本和质量等关键指标,及时发现潜在的问题并采取相应的措施。这种以数据驱动的管理方式不仅提高了项目的成功率,还为客户创造了更大的价值。

(三)融合创新推动工程咨询行业持续发展

信息化与智能化技术的融合应用为全过程工程咨询服务带来了革命性的变革。它不仅实现了跨阶段、跨专业的整合与协作,提升了咨询服务的效率和质量,还推动了整个工程咨询行业的持续发展。在这种融合创新的趋势下,工程咨询企业纷纷加大技术投入和人才培养力度,以适应市场的变化和需求。同时,行业内的竞争也日趋激烈,企业之间通过合作与交流共同推动行业的进步。这种良性的竞争与合作关系为整个行业的发展注入了新的活力。此外,融合创新还促进了工程咨询行业与其他相关行业的深度融合。例如,与建筑行业、制造业、运营维护等领域的紧密合作,使得全过程工程咨询服务能够贯穿项目的全生命周期,为客户提供一站式的解决方案。这种跨行业的融合不仅拓展了工程咨询服务的业务领域,还为客户创造了更大的价值空间。

第三节　绿色建筑与可持续发展

一、绿色建筑的特点

(一)节能性

节能性是绿色建筑最为核心的特点之一,它体现了建筑与环境和谐共生的理念。为了实现节能,绿色建筑在设计和施工过程中采用了多种高效的节能技术和材料。首先,保温隔热材料的应用是绿色建筑节能的重要手段。这些材料能够有效地减少建筑物内外热量交换,从而在冬季保持室内温暖,在夏季保持室内凉爽。与传统的建筑材料相比,保温隔热材料具有更好的热稳定性和隔热性能,能够显著降低建筑能耗。其次,节能门窗也是绿色建筑中不可或缺的一部分。这些门窗采用了先进的密封技术和材料,能够有效地减少空气渗透和热传递,提高建筑的保温和隔热性能。同时,一些高科技的节能门窗还配备了智能控制系统,能够根据室内外环境的变化自动调节开关和透光度,进一步降低能耗。此外,太阳能利用也是绿色建筑节能的重要方向之一。通过安装太阳能热水器、太阳能电池板等设备,绿色建筑能够充分利用太阳能这一清洁、可再生的能源,为建筑提供热水、电力等能源需求。这不仅能够减少对传统化石能源的依赖,还能够降低能源成本,实现经济效益和环境效益的双赢。

(二)环保性

环保性是绿色建筑不可或缺的重要特征,它贯穿于建筑的全生命周期,从材料选择、施工方法到运营管理,都体现了对环境的尊重和保护。在材料选择方面,绿色建筑优先考虑使用环保材料。这些材料不仅具有优异的性能,而且在生产、使用和废弃过程中对环境的影响较小。例如,利用可再生资源或可循环使用的材料,能够显著减少资源消耗和废弃物产生,同时降低对自然环境的破坏。在施工方法上,绿色建筑同样注重环保。通过采用先进的施工技术和精细化的管理,力求在施工过程中减少噪声、扬尘和废水的排放,减轻对周边环境的干扰。此外,绿色建筑还注重施工废弃物的减量化处理和资源化利用,尽可能将废弃物转化为再生资源,降低对环境的污染。在运营管理方面,绿色建筑致力于提高室内空气质量,营造健康舒适的室内环境。通过采用先进的通风、空调和净化系统,确保室内空气清新、温湿度适宜。同时,绿色建筑还注重节能减排,通过智能化管理系统实时监测能耗数据,优化能源使用方案,降低建筑运营过程中的能耗和碳排放。

(三)可再生资源利用

可再生资源利用在绿色建筑中扮演着至关重要的角色。随着全球对可持续发展和环境保护的日益关注,可再生资源已成为建筑行业转型的关键所在。绿色建筑作为一种创新的建筑理念,致力于最大限度地利用可再生资源,以减少对非可再生资源的依赖,同时降低建筑的环境影响。太阳能是绿色建筑中最常利用的可再生资源之一。通过安装太阳能电池板和太阳能热水系统,建筑可以将日光照射转化为电力和热能,为建筑提供清洁、可持续的能源。这种利用方式不仅减少了对传统电力和燃气的需求,还降低了温室气体排放,对缓解全球气候变化具有积极意义。风能也是绿色建筑中不可忽视的可再生资源。在风力资源丰富的地区,绿色建筑可以通过安装风力发电设备来利用风能。风力发电作为一种零排放的能源生产方式,既能为建筑提供电力,又能减少对化石燃料的依赖,有助于实现建筑的碳中和目标。此外,地热能也是绿色建筑中值得关注的可再生资源。通过地热热泵技术,建筑可以从地下提取热能或冷能,为建筑供暖或制冷。这种利用方式具有能效高、环境友好等优点,是绿色建筑实现节能减排的重要途径之一。

（四）适应性

适应性是绿色建筑设计和实施中的一个核心理念，它要求建筑不仅要满足基本的功能需求，还要能够灵活地适应不同的地域、气候和文化背景。这种适应性不仅体现在建筑的形式和风格上，更体现在建筑与环境之间的和谐共生关系上。在不同地域，自然环境和社会经济条件千差万别，这就要求绿色建筑在设计之初就要充分考虑当地的实际情况。比如，在气候炎热的地区，绿色建筑会采用高效隔热材料和通风设计来降低室内温度；而在气候寒冷的地区，则会更加注重保温性能和太阳能利用，以确保室内温暖舒适。除了气候因素，文化背景也是绿色建筑设计中不可忽视的一部分。建筑作为文化的载体，应该能够反映当地的历史传统和民俗风情。绿色建筑在设计过程中会尊重当地的文化特色，通过巧妙的构思和细致的设计，将传统文化元素与现代建筑技术相结合，打造出既具有时代感又充满地域特色的建筑作品。此外，绿色建筑还注重与当地社会经济条件的相适应。在经济发展水平较低的地区，绿色建筑会优先考虑使用当地可获取的材料和技术，以降低建筑成本并增强其可实施性。同时，绿色建筑还会关注当地居民的就业和生活需求，通过合理的规划和设计，为当地居民提供就业机会和改善生活环境的可能性。

二、绿色建筑与可持续发展的关系

（一）绿色建筑推动可持续发展

绿色建筑以其独特的理念和实践方式，正在成为推动可持续发展的重要力量。通过采用节能、环保和可再生资源利用等一系列措施,绿色建筑显著降低了建筑对环境的影响,提高了资源利用效率,为经济、社会和环境的可持续发展注入了新的活力。具体来说,绿色建筑在节能方面采用了高效的设计和技术手段,如保温隔热材料、节能门窗等,极大降低了建筑能耗,减轻了能源供应压力。在环保方面,绿色建筑注重使用环保材料、减少施工废弃物、提高室内空气质量,有效降低了对环境的污染和破坏。同时,通过充分利用太阳能、风能等可再生资源,绿色建筑进一步提高了能源利用效率,减少了对非可再生资源的依赖。这些措施不仅有助于保护环境、节约资源,还为相关产业的发展提供了新的机遇。绿色建筑的兴起带动了节能环保材料、可再生能源设备、智能化管理系统等产业的发展,创造了大量的就业机会,为经济增长注入了新的动力。同时,绿色建筑还能提升城市形象,改善居民生活质量,推动社会进步和文明发展。

(二)可持续发展引领绿色建筑发展

可持续发展引领着绿色建筑的发展,为其提供了清晰的方向和目标。这一理念强调经济、社会和环境的和谐共生,促使建筑行业转向更加环保、高效的发展路径。在可持续发展战略的指引下,绿色建筑不仅成为一种趋势,更是未来建筑领域发展的必然选择。为了实现可持续发展,绿色建筑不断创新发展理念和技术手段。从最初的简单节能设计,到如今的综合性能优化,绿色建筑在材料选择、结构设计、系统运营等各个环节都力求达到最佳的环境效益。这种创新不仅体现在建筑本身,还包括与建筑相关的各个领域,如城市规划、交通布局、景观设计等。同时,绿色建筑在满足基本功能需求的基础上,更加注重用户的体验和需求。无论是住宅、办公还是公共建筑,绿色建筑都能为人们提供健康、舒适、节能的室内环境。通过精细化的设计和先进的技术手段,绿色建筑还能实现与自然的和谐共融,让人们在享受现代文明成果的同时,也能感受到大自然的恩赐。

三、绿色建筑的实践与应用

(一)住宅建筑

住宅建筑是人们生活的重要组成部分,而绿色住宅则在这一基础上融入了节能、环保和舒适性的理念,力求为居住者提供更加健康、舒适和可持续的居住环境。为了实现这一目标,绿色住宅采用了多种高效的技术和材料。首先,在保温隔热方面,绿色住宅选用了高性能的保温隔热材料,这些材料能够有效地减少能量的传递和散失,提高建筑的保温性能。这不仅使得住宅在冬季能够保持温暖,在夏季也能保持凉爽,从而减少了空调和采暖设备的能耗,达到了节能的效果。其次,绿色住宅还广泛采用太阳能热水系统。这种系统通过集热器将太阳能转化为热能,为住宅提供热水。与传统的电热水器和燃气热水器相比,太阳能热水系统不仅节能,而且环保,能够显著减少二氧化碳和其他温室气体的排放。此外,绿色住宅还注重室内环境的舒适性。通过合理的布局和通风设计,绿色住宅能够实现良好的自然通风和采光,营造出舒适、宜人的室内环境。同时,绿色家居配饰的选择也是绿色住宅不可忽视的一部分。这些配饰通常采用环保材料制成,如竹木家具、纯棉窗帘等,不仅美观实用,而且对环境友好。

(二)办公建筑

办公建筑是现代城市的重要组成部分,而绿色办公建筑则在这一基础上融入了节能、环保和智能化的理念,为企业和员工提供更加高效、健康和可持续的工作环境。为了实现绿色办公,建筑在节能设计上下了大力气。通过采用先进的保温隔热技术、高效节能的空调系统和照明设备等,绿色办公建筑能够显著降低能耗。这些节能设计不仅有助于减少能源浪费,还能为企业节省大量的运营成本,提高企业的竞争力。除了节能设计,绿色办公建筑还注重绿色材料的使用。在建筑过程中,优先选择可再生、可循环或低环境影响的材料,如竹木制品、环保涂料等。这些绿色材料不仅对环境友好,还能为员工提供更加健康、安全的工作空间。智能化管理系统也是绿色办公建筑不可或缺的一部分。通过引入先进的楼宇自动化系统和智能办公环境解决方案,绿色办公建筑能够实现能源、照明、空调等系统的智能监控和优化管理。这种智能化管理不仅提高了建筑的运行效率,还能根据员工的需求和习惯进行个性化调整,提高员工的工作效率和满意度。

(三)商业建筑

　　商业建筑作为城市经济活动的核心场所,其功能和形态多样,而绿色商业建筑则在这一多样性中融入了节能、环保的理念,同时不忘商业的本质,即吸引并服务消费者和客户。绿色商业建筑首先关注节能设计。通过采用先进的建筑技术和材料,如高效隔热玻璃、节能型空调系统等,这类建筑在保障舒适购物环境的同时,极大降低了能源消耗。这不仅有助于减少运营成本,还能为消费者提供一个更加健康、自然的购物空间。环保也是绿色商业建筑不可忽视的方面。建筑在材料选择、施工过程和运营管理中都力求减少对环境的影响。例如,使用可再生或低环境影响的建筑材料,施工过程中减少废弃物和噪声的产生,以及运营中实施垃圾分类和资源回收等措施。然而,绿色商业建筑并不仅满足于节能和环保。它们更注重商业氛围的营造和品牌形象的展示。通过巧妙的空间布局、独特的建筑风格以及与环境相融合的景观设计,绿色商业建筑能够吸引更多消费者的目光。同时,建筑内部也考虑到了消费者的需求,提供便捷、舒适、人性化的购物体验。

第四节　行业整合与专业化发展

一、行业整合的概念、动因与影响

(一)行业整合的深层次动因与驱动力

在当今全球化的经济格局中,行业整合不仅仅是一个简单的经济现象,它是市场竞争、技术进步和政策调控等多重因素交织下的必然产物。

1. 市场竞争的加剧

随着市场参与者的不断增多,产品同质化现象日益严重,企业为了在激烈的竞争中脱颖而出,不得不寻求更大的规模和更强的实力。行业整合成了一个快速有效的途径,通过并购、合作或联盟,企业可以迅速扩大市场份额,提高品牌影响力,从而在市场中占据更有利的位置。

2. 技术进步的推动

科技的发展为行业整合提供了强大的技术支持。新技术、新模式的出现打破了传统行业的边界,使得不同行业之间的融合成为可能。例如,互联网技术的普及使得线上线下融合成为趋势,传统行业通过与互联网企业的合作或并购,可以实现业务模式的创新,提升服务效率和质量。

3. 政策调控的引导

政府在产业升级和转型中扮演着重要的角色。为了推动经济的持续健康发展,政府会通过制定相关政策来引导和推动行业整合。这些政策可能包括税收优惠、资金扶持、市场准入等,旨在鼓励企业积极参与行业整合,提升行业整体水平。

(二)行业整合的深远影响

行业整合不仅是一个经济过程,更是一个社会过程。它对行业内的企业、市场结构、竞争格局等都产生了深远的影响。

1. 提升行业整体效率

行业整合通过优化资源配置和降低交易成本,使得行业内企业能够更高效地运营和发展。在整合过程中,优势企业可以吸收和整合劣势企业的资源,实现规模经济和范围经济,从而降低生产成本,提高生产效率。同时,通过减少不必要的竞争和重复建设,行业整合还可以降低交易成本,提高市场的整体运行效率。

2. 重塑行业竞争格局

行业整合往往伴随着市场份额的重新分配和竞争格局的重塑。通过并购、合作等方式,企业可以快速获取其他企业的优势资源和市场份额,从而提升自身在市场上的地位。这不仅改变了行业内的力量对比,还可能引发新一轮的竞争和创新。在整合后的新格局下,企业需要不断调整自身战略和业务模式,以适应新的市场环境。

3. 推动行业创新与发展

行业整合为新技术的研发和应用提供了更广阔的平台。通过整合不同企业的技术和研发力量,可以加速新技术的研发进程,推动行业向更高层次发展。同时,行业整合还可以促进不同行业之间的交叉融合,产生新的业务模式和增长点,为行业的持续发展注入新的动力。

(三)行业整合的社会与经济意义

除了对行业内企业和市场结构的影响,行业整合还具有更广泛的社会和经济意义。

1. 促进产业升级与转型

通过行业整合,可以推动产业升级和转型,实现经济结构的优化和调整。在整合过程中,落后产能和低效企业会被逐步淘汰,而优势企业则会获得更多的发展机会和资源,从而推动整个行业向更高水平发展。这不仅有助于提升国家的产业竞争力,还可以为经济的持续健康发展提供有力支撑。

2. 优化社会资源配置

行业整合可以实现社会资源的优化配置和高效利用。通过整合不同企业的资源和能力,可以避免资源的浪费和重复建设,提高资源的使用效率。同时,行业整合还可以促进资源的跨区域、跨行业流动,实现资源的合理配置和共享,从而推动经济的均衡发展。

3. 增强国家经济安全

行业整合有助于提升国家的经济安全。通过培育一批具有国际竞争力的大型企业集团,可以增强国家在全球产业链和价值链中的地位和影响力,降低外部经济波动对国家经济的冲击。同时,行业整合还可以促进国内市场的统一和开放,提高市场的整体抵御风险能力,为国家的经济安全提供坚实保障。

二、专业化发展的内涵、必要性与实现途径

(一)明确定位与发展方向:专业化的起点

面对多样化的市场和消费者需求,企业首先需要明确自己的定位和发展方向。这不仅是战略规划的起点,也是决定企业未来发展方向和资源配置的关键。企业需要对所处的市场环境进行深入的分析和洞察,包括市场规模、增长趋势、竞争格局以及消费者的需求和偏好等。通过对市场的细致洞察,企业可以识别出潜在的机会和威胁,为制定专业化战略提供数据支持。基于市场分析和自身资源的评估,企业需要选择适合自己的专业领域进行深入发展。这个选择应该既符合企业的长期发展目标,也能够充分利用企业的现有优势和资源。市场和消费者需求是不断变化的,因此企业需要定期评估自己的定位和发展方向是否仍然有效。当市场或消费者需求发生变化时,企业需要及时调整自己的定位和发展策略,以确保始终保持与市场的紧密对接。

(二)技术研发与创新投入:专业化的核心

在明确发展方向后,企业需要持续进行技术研发和创新投入,以提升自己在专业领域内的技术水平和创新能力。企业需要建立一套完善的研发体系,包括研发团队、研发流程、技术创新机制等。这个体系应该能够支持企业持续进行技术研发和创新活动,将创新成果快速转化为具有市场竞争力的产品或服务。技术研发和创

新是一个持续的过程,需要企业持续投入资金、人力和时间。通过不断的技术创新和产品迭代,企业可以逐步提升自己的技术水平和市场竞争力,形成难以被模仿的技术优势。在技术创新过程中,企业还需要积极寻求外部合作和开放创新的机会。通过与科研院所、高校、产业链上下游企业等合作伙伴的紧密合作,企业可以共享资源、分担风险、加速技术创新进程。

(三)人才培养与团队建设:专业化的支撑

专业化发展离不开一支专业化、高素质的团队来支撑。因此,企业需要加强人才培养和团队建设,为专业化发展提供有力的人才保障。企业需要建立一套完善的人才选拔和培养机制,通过校园招聘、社会招聘、内部晋升等多种渠道选拔优秀人才。同时,企业还需要为员工提供持续的培训发展机会,帮助他们提升专业技能和综合素质。在专业化发展过程中,企业需要打造一支高效协作、具有凝聚力的团队。通过明确团队目标、优化团队结构、加强团队沟通等措施,企业可以激发团队成员的积极性和创造力,推动专业化战略的顺利实施。为了留住优秀人才并激发他们的潜力,企业需要建立一套完善的激励和留才机制。这包括提供具有竞争力的薪酬福利、设计多样化的职业发展路径、营造积极向上的企业文化等。通过这些措施,企业可以吸引和留住更多优秀人才,为专业化发展提供持续的人才支持。

第五节　国际化与标准化发展

一、国际化的内涵与发展

（一）国际化的深刻内涵

国际化,这一概念在当今世界已经变得尤为重要。它不仅仅是一个简单的经济或商业术语,而是企业、组织乃至国家在全球舞台上展现自身实力、扩大影响力的重要途径。国际化通常指企业、组织或国家跨越国界,参与国际经济、文化、科技等领域的交流与合作。这种交流与合作不是偶然的、零星的,而是一个持续、系统的过程,旨在实现资源的优化配置、市场的有效拓展以及品牌影响力的显著提升。国际化的核心在于跨越国界。这意味着企业或组织必须走出自己的舒适区,去面对不同文化、不同市场、不同竞争环境的挑战。这种跨越不是简单的物理移动,而是一种深层次的融入和适应。它要求企业或组织具备跨文化沟通能力,能够理解并尊重不同文化的价值观和习俗,避免因文化差异而产生的误解和冲突。同时,国际化还要求企业或组织具备敏锐的市场洞察力,能够及时发现并抓住国际市场中的机遇,快速响应市场变化,调整战略和业务模式。国际化的过程也是企业、组织或国家不断提升自身实力的过程。通过参与国际交流与合作,企业或组织可以接触到更先进的技术、更科学的管理方法、更丰富的市场经验。这些都有助于提升自身的竞争力,为在国际市场中立足打下坚实基础。同时,国际化还要求企业或组织具备应对国际竞争的能力。这包括但不限于产品质量、服务水平、品牌形象、营销策略等多个方面。

只有在这些方面都达到或超越国际标准,企业或组织才能在激烈的国际竞争中脱颖而出。

(二)国际化的发展历程与趋势

国际化的概念虽然在现代才被广泛提及,但其发展历程可以追溯到工业革命时期。那时,随着工业生产的快速发展和贸易活动的日益频繁,一些企业开始尝试跨越国界,寻求更广阔的市场和更丰富的资源。然而,由于交通和通信技术的限制,当时的国际化进程相对缓慢且局限。进入20世纪后,特别是第二次世界大战以后,随着科技的飞速进步和全球经济一体化的推进,国际化进程开始加速。信息技术的发展极大地降低了跨国交流的成本,提高了效率,使得企业或组织可以更加便捷地获取国际市场的信息、资源和机会。同时,全球贸易和投资自由化的趋势也为企业或组织的国际化提供了更加有利的外部环境。在过去的几十年里,我们可以看到越来越多的企业开始在全球范围内配置资源、开展业务。这些企业不仅来自发达国家,也来自发展中国家。它们或通过直接投资建厂或通过并购重组或通过战略合作等方式进入国际市场,与当地的企业展开竞争与合作。这种国际化的趋势已经成为不可逆转的历史潮流。

(三)国际化的驱动因素与影响

国际化的驱动因素是多方面的。首先,经济全球化是国际化的重要推动力。随着全球市场的形成和贸易壁垒的逐步消除,企业或组织可以更加自由地在全球范围内进行资源配置和市场拓展。这为企业或组织的国际化提供了广阔的空间和无限的机遇。其次,技术进步也是国际化的关键因素。信息技术、交通运输技术等的快速发展使得跨国交流变得更加便捷和高效。企业或组织可以通过互联网、物联网等技术手段实时获取国际市场的动态信息，及时调整战略和业务模式以适应市场变化。同时，新技术的应用也为企业或组织的国际化提供了更多的选择和可能性。最后，市场竞争也是推动企业或组织国际化的重要因素。在激烈的市场竞争中，企业或组织必须不断创新、提升竞争力才能保持领先地位。而国际化正是提升企业或组织竞争力的重要途径之一。通过参与国际市场的竞争与合作，企业或组织可以接触到更先进的技术和管理经验，提升自身的实力和水平。国际化的影响是深远的。它不仅改变了企业或组织的经营模式和竞争格局，也对全球经济、文化、科技等领域产生了深刻的影响。通过国际化，企业或组织可以更加深入地了解不同文化、不同市场的需求和特点，推出更具针对性的产品和服务。同时，国际化也促进了全球资源的优化配置和高效利用，推动了全球经济的持续发展和繁荣。

二、标准化的概念与意义

（一）标准化的概念解析

标准化，从字面上看，是使事物达到一个统一、规范的状态。但在现代社会，特别是在工业、经济、科技等领域，标准化的意义远不止于此。它是指为了在一定范围内获得最佳秩序，对现实问题或潜在问题制定共同使用和重复使用的条款的活动。这些条款，即标准，是经过深入研究、广泛讨论和严格审查后形成的，具有科学性、合理性和适用性。标准化的过程包括制定、发布及实施标准。制定标准是标准化的起点，它要求制定者具有深厚的专业知识、丰富的实践经验和前瞻的战略眼光。发布标准是标准化的中间环节,它要求发布机构具有权威性和公信力,确保标准的广泛传播和有效实施。实施标准是标准化的落脚点,它要求实施者严格遵守标准规定,确保标准在实际工作中的有效应用。

(二)标准化的多维意义

标准化对于企业和国家的发展具有重要意义,这种意义体现在多个层面。首先,标准化有助于统一技术规范、提高生产效率、降低成本。在工业生产中,标准化可以确保不同企业、不同产品之间的技术兼容性和互换性,从而提高生产效率、降低生产成本。在商业服务中,标准化可以规范服务流程、提高服务质量、降低服务成本,从而提升消费者满意度和企业竞争力。其次,标准化有利于保障产品质量和安全,提升消费者信心。通过制定和实施严格的产品标准和质量管理体系,可以确保产品质量的稳定性和可靠性,降低产品缺陷率和退货率,从而提升消费者对产品的信任度和忠诚度。同时,标准化还可以提高产品的安全性能,减少产品在使用过程中可能出现的风险和危害,保障消费者的生命财产安全。再次,标准化有利于促进国际贸易和技术交流,打破市场壁垒。在国际贸易中,采用国际通用的标准和规范可以降低贸易壁垒、减少贸易摩擦、促进贸易便利化。在技术交流中,采用统一的技术标准和语言可以促进不同国家、不同企业之间的技术合作与创新,推动全球科技进步和产业升级。最后,标准化还有利于推动科技创新,引导产业发展方向。科技创新是推动社会进步和经济发展的重要动力,而标准化可以为科技创新提供有力的支撑和保障。通过制定具有前瞻性和引导性的技术标准,可以引导企业和科研机构关注未来科技发展趋势和市场需求变化,推动相关技术研发和产业化进程。同时,标准化还可以促进产业链上下游企业之间的协同创新和资源整合,形成产业发展的良性循环和生态系统。

(三)标准化的实践与应用

标准化的意义不仅在于理论上的阐述,更在于实践中的应用。在企业层面,越来越多的企业开始重视标准化工作,建立完善的标准化管理体系和工作机制。他们通过制定企业标准、参与行业标准制定等方式积极参与标准化活动,提升自身技术水平和产品质量水平。同时,他们还注重与国际先进企业对标学习交流,引进国际先进标准和技术成果进行消化吸收再创新,提升自身在国际市场中的竞争力。在国家层面,各国政府也高度重视标准化工作,将其纳入国家发展战略和规划之中。他们通过制定法律法规和政策措施来推动标准化工作的开展和实施;通过设立专门的标准化管理机构来负责全国范围内的标准化工作;通过加强与国际标准化组织的合作与交流来提升本国在国际标准化领域的话语权和影响力。

三、国际化与标准化的相互关系

(一)国际化与标准化的相互促进

国际化与标准化之间的相互促进关系,可以从两个方面来深入理解。首先,国际化推动了标准的全球统一和互认。随着企业跨国经营的增多和国际贸易的频繁,不同国家和地区的技术标准、质量规范等差异逐渐凸显。这种差异不仅增加了企业进入国际市场的难度,也阻碍了国际贸易的顺畅进行。因此,国际社会开始致力于制定和推广国际统一的标准,以促进国际贸易的便利化。这种国际化的趋势推动了标准的全球统一和互认,为企业在国际市场的竞争提供了公平的环境。企业不再需要因为适应不同国家和地区的标准而付出额外的成本和时间,可以更加专注于产品研发、市场拓展等核心业务。其次,标准化提高了产品和服务的兼容性、互换性,降低了跨国交易的成本和风险。标准化使得不同企业的产品和服务能够按照统一的技术规范和质量要求进行生产、检验和交换。这极大增强了产品和服务的兼容性、互换性,减少了因规格型号、接口类型等差异而导致的资源浪费和重复劳动。同时,标准化也降低了跨国交易的成本和风险。在国际贸易中,采用国际统一的标准可以减少谈判协商的复杂性、避免合同纠纷的发生、提高交易效率。此外,标准化还有助于提升消费者对产品的信任度和满意度,增强企业的品牌影响力和市场竞争力。

(二)国际化与标准化共同推动经济发展

国际化与标准化不仅相互促进,还共同推动着全球经济的发展。这主要体现在以下几个方面:首先,通过参与国际经济合作与竞争,企业可以学习借鉴国际先进标准和技术。在国际市场中,企业面临着来自世界各地的竞争对手和合作伙伴。为了保持竞争优势和市场份额,企业必须不断关注国际市场的动态变化和技术发展趋势,及时引进和吸收国际先进的标准和技术成果。这种学习和借鉴的过程有助于提升企业自身的技术水平和创新能力,推动企业向更高层次、更广领域发展。其次,通过制定和实施国际标准,可以引领产业发展方向。国际标准往往代表着某一领域的技术前沿和市场需求。因此,制定和实施国际标准不仅可以规范市场秩序、提高产品质量水平,还可以引领产业发展方向、推动技术创新和产业升级。例如,在新能源、信息技术等新兴产业领域,通过制定和实施相关国际标准可以促进技术的快速发展和产业的成熟壮大。最后,国际化与标准化还有助于打破市场壁垒、促进国际贸易的便利化。在国际贸易中,不同国家和地区的技术标准、质量规范等存在差异,往往导致市场准入门槛提高和贸易壁垒形成。而通过制定和实施国际统一的标准,可以降低这些差异带来的障碍和成本,促进国际贸易的便利化和自由化。这对于推动全球经济的繁荣和发展具有重要意义。

参 考 文 献

［1］李瑞新. 建筑工程造价影响因素及控制策略［J］. 江苏建材，2024（01）：145-146.

［2］曹丽姗. 工程造价结算审核工作中的问题及对策［J］. 江苏建材，2024（01）：149-150.

［3］李一哲. 建筑工程造价全过程标准化跟踪审计的应用［J］. 江苏建材，2024（01）：136-138.

［4］陶文卓，周自坚. 高层建筑工程中的给排水施工技术及质量控制［J］. 中国设备工程，2024（04）：191-194.

［5］夏俊彦，吴建华. 浅谈建设工程全过程造价咨询与全过程跟踪审计的联系和区别［J］. 中国农业会计，2024，34（04）：90-92.

［6］张云松. 建筑工程项目管理质量控制策略［J］. 建材发展导向，2024，22（04）：34-36.

［7］李滋文. 建筑工程监理要点及质量控制策略分析［J］. 建材发展导向，2024，22（04）：43-45.

［8］陈芬芳. 新型建筑材料的开发与应用对工程造价的影响［J］. 居舍，2024（05）：27-30.

［9］王友. 基于住宅建筑工程质量创优的策划与管理研究［J］. 居舍，2024（05）：150-153.

［10］赵文婷. 住宅建筑工程造价预结算审核工作要点［J］. 居舍，

2024（05）：158-160+164.

[11]李娟. 现代建筑经济管理中全过程工程造价的运用分析
[J]. 砖瓦，2024（02）：95-97.

[12]杨伟. 新形势下建筑工程造价的动态管理与控制[J]. 四川
建材，2024，50（02）：219-220+226.

[13]丁益纯. BIM技术在智慧工程造价管理中的应用[J]. 智能
建筑与智慧城市，2024（02）：108-110.

[14]刘建. 基于造价指标体系的装配式建筑造价预测[J]. 中国
招标，2024（02）：99-101.

[15]陈思佳. 浅析BIM技术在装配式住宅建筑工程质量管理中的
应用[J]. 居舍，2024（04）：51-54.

[16]李永彬，田亮. 住宅建筑工程现场进度管理与质量控制研究
[J]. 居舍，2024（04）：177-180.

[17]马慧娟. 装配式建筑工程造价预算与成本控制策略分析
[J]. 中国住宅设施，2024（01）：94-96.

[18]邵双龙. 建筑工程常见质量问题和施工技术质量管理措施
[J]. 中国住宅设施，2024（01）：190-192.

[19]彭鸿雁. 探析建设工程混凝土施工技术与质量管理[J]. 城
市建设理论研究（电子版），2024（02）：114-116.

[20]李帅. 浅谈绿色建筑工程基坑支护的质量控制[J]. 陶瓷，
2024（01）：160-163.

[21]刘城宇. 建筑工程管理及施工质量控制的有效策略[J]. 陶
瓷，2024（01）：188-190.

[22]石新波，吴伟. 房屋建筑工程施工质量控制策略研究[J]. 陶
瓷，2024（01）：191-193.

[23]解建农. 建筑工程质量管理策略分析[J]. 房地产世界，

2024(01):76-78.

[24]徐飞.建筑装饰工程施工管理过程中的质量控制研究[J].中国建筑装饰装修,2024(01):174-176.

[25]翁滕灼.建筑工程混凝土检测与质量控制研究[J].中国住宅设施,2023(12):121-123.

[26]马宁.建筑水暖设备安装与质量控制问题研究[J].工程建设与设计,2023(24):232-234.

[27]蔡伟.大型建筑工程甲方做好全面项目管理的措施分析[J].建设科技,2023(24):77-79.

[28]祝萍.建筑工程质量与工程造价的关系及优化[J].中国建筑装饰装修,2022(11):144-146.

[29]卢强.建筑工程水电安装的质量和造价控制探究[J].江西建材,2021(03):261-262.

[30]杨蕊蕊.BIM在建筑工程管理中的应用探究[J].住宅与房地产,2020(12):127.